H. Hartmann

Die chemische Bindung

Drei Vorlesungen für Chemiker

3. Auflage

Mit 61 Abbildungen

Springer-Verlag
Berlin · Heidelberg · New York 1971

Dr. H. Hartmann, o. Professor der Physikalischen Chemie an der
Johann-Wolfgang-Goethe-Universität zu Frankfurt am Main

ISBN-13: 978-3-540-03145-1   e-ISBN-13: 978-3-642-64970-7
DOI: 10.1007/978-3-642-64970-7

Das Werk ist urheberrechtlich geschützt. Die dadurch begründeten Rechte, insbesondere die
der Übersetzung, des Nachdruckes, der Entnahme von Abbildungen, der Funksendung, der
Wiedergabe auf photomechanischem oder ähnlichem Wege und der Speicherung in Datenverarbeitungsanlagen bleiben, auch bei nur auszugsweise Verwertung, vorbehalten.
Bei Vervielfältigungen für gewerbliche Zwecke ist gemäß § 54 UrhG eine Vergütung an den
Verlag zu zahlen, deren Höhe mit dem Verlag zu vereinbaren ist.
© by Springer-Verlag oHG, Berlin · Göttingen · Heidelberg 1955 and 1964
© by Springer-Verlag Berlin · Heidelberg 1971. Library of Congress Catalog Card Number
76-151104.   Die Wiedergabe von Gebrauchsnamen, Handelsnamen,
Warenbezeichnungen usw. in diesem Werk berechtigt auch ohne besondere Kennzeichnung
nicht zu der Annahme, daß solche Namen im Sinne der Warenzeichen- und Markenschutz-
Gesetzgebung als frei zu betrachten wären und daher von jedermann benutzt werden dürften.
Offsetdruck: J. Beltz, Weinheim

Vorwort.

In der Lehrbuchliteratur gibt es schon eine Reihe von elementaren Einführungen in die Theorie der chemischen Bindung, die den Studenten der Chemie mit diesem Kernstück des theoretischen Teils seiner Wissenschaft bekannt machen sollen. Die hier vorgelegte Ausarbeitung von Vorlesungen, die ich in Frankfurt gehalten habe, wäre lediglich eine Parallelerscheinung zu diesen Büchern im Bereich der deutschen Literatur (in der bisher ein Buch mit gleicher Absicht fehlt), wenn sie sich nicht im Aufbau merklich von den mir bekannten Darstellungen unterscheiden würde. Die bekannten Bücher führen die unumgänglichen Elemente der Quantenphysik in der Regel in korpuskularer Sprache ein. Da bei Verwendung dieser Sprache chemische Bindung erst auf den höheren Stufen der Theorie verstanden werden kann, verliert der Leser so meistens den Zusammenhang der Bindungsphänomene mit den im System der Quantentheorie erfaßten experimentellen Grundtatsachen aus dem Auge. Da nun außerdem bei der üblichen Beschränkung auf die Diskussion des Einkörperproblems ("molecular orbitals") gerade diejenigen Teile der Theorie sowieso wieder über Bord geworfen werden, deren Einführung zunächst so große Schwierigkeiten gemacht (bzw. unklare Vorstellungen erzeugt) hat, schien es mir mehr Sinn zu haben, den Weg zur Quantentheorie vom klassischen Feldbild her zu nehmen, die korpuskulare also durch die undulatorische Sprache zu ersetzen. Chemische Bindung ist, so gesehen, ein schon klassisch verständliches Phänomen, eine Tatsache, deren didaktische Bedeutung bisher nach meiner Meinung unterschätzt worden ist.

Denjenigen, die mich durch Kritik unterstützt haben, möchte ich auch an dieser Stelle herzlich danken. Wenn nun das kleine Buch ebensoviel Anklang finden sollte wie die Vorlesungen, aus denen es entstanden ist, wäre ich für die Mühe der Ausarbeitung reich belohnt!

Frankfurt am Main, den 15. April 1955.

HERMANN HARTMANN.

Vorwort zur zweiten Auflage.

Die erste Auflage dieses kleinen Buches ist überwiegend positiv aufgenommen worden. Nur ein Rezensent hat gemeint, daß das Thema verfehlt sei. Nach seiner Meinung hätte der Verfasser auf den formal-mathematischen Apparat der Quantenmechanik nicht verzichten sollen. Nun: De gustibus non est disputandum. Verstehen ist schwieriger als rechnen und erst recht schwieriger als einfach zur Kenntnis nehmen. Deshalb ist dieses Buch trotz seines geringen Umfanges nicht „leicht" und zahlreiche Urteile aus dem Kreis der Leser haben den Verfasser in seiner Meinung bestärkt, daß es richtig war, das Thema „Die chemische Bindung" für einen wohl immer beschränkten Kreis von anspruchsvollen Studenten so darzustellen, wie es geschehen ist. Aus diesem Grund ist für die zweite Auflage der Text der ersten Auflage weitgehend unverändert übernommen worden.

Seit der Entstehung der ersten Auflage ist die HÜCKELsche Theorie der π-Elektronensysteme erweitert und revidiert worden (HARTMANN 1960). Dadurch sind Änderungen im dritten Abschnitt des Buches notwendig geworden. Außerdem ist inzwischen der heuristische Wert der Ligandenfeldtheorie (HARTMANN und ILSE 1951, HARTMANN und SCHLÄFER 1951, ORGEL 1952) so unbestritten, daß eine kurze Darstellung dieser Theorie auch hier angezeigt schien. Im Abschnitt über die Metalle wurde ein Hinweis auf die Gedankengänge von JONES zur Erklärung der HUME-ROTHERYschen Regeln eingefügt.

Frankfurt am Main, den 17. November 1963.

HERMANN HARTMANN.

1.

Das Begriffspaar: Grundstoff—Verbindung beherrscht das Denken über die Materie nachweislich seit den Anfängen der griechischen Philosophie. Ebenso alt ist die mit dieser Vorstellung notwendig verknüpfte Frage nach den ,,Ursachen" der Verbindungsbildung. Als BOYLE den Begriff Grundstoff aus der spekulativen Isolierung befreit und durch eine Experimentaldefinition in die induktive Naturwissenschaft eingeführt und nachdem schließlich DALTON dem Bild der Atome im induktiven Bereich sicheres Heimatrecht verschafft hatte, mußte Verbindungsbildung als Zusammentreten von Atomen zu molekularen Gebilden aufgefaßt werden. Die Frage nach den Ursachen der Verbindungsbildung nahm in diesem Rahmen physikalische Gestalt an und lautete nun: Welchen Ursprung haben die chemischen Kräfte zwischen den Atomen? Der Sinn der Frage konnte nur darin bestehen, daß der Zusammenhang der chemischen Kräfte mit einfacheren und allgemeineren Erscheinungen aufgedeckt werden sollte.

Die Chemie des neunzehnten Jahrhunderts hatte nun zwar die wesentlichsten Eigenschaften der chemischen Kräfte feststellen können, der Ursprung dieser Kräfte aber war damals dunkel geblieben. Die Lösung des Rätsels bahnte sich erst an, nachdem nach der Jahrhundertwende die Chemie unter dem Einfluß physikalischer Ergebnisse ihr Materiemodell der Atome und molekularen Gebilde aufgab und ein scheinbar komplizierteres, nämlich das der Atomkerne und der Atomhüllen, an seiner Stelle annahm.

Bei Untersuchungen über die Streuung von α-Strahlen beim Durchgang durch Folien hat E. RUTHERFORD bemerkt, daß man die Beobachtungen verstehen kann, wenn man annimmt, daß fast die gesamte Masse der Atome der durchstrahlten Folie in einem (verglichen mit dem Atom) sehr kleinen Atomkern vereinigt ist, der außerdem die elektrische Ladung Ze trägt, wobei Z die Ordnungszahl des betreffenden Elementes und e die Elementarladung $e = 4{,}80 \cdot 10^{-10}$ el. stat. CGS-Einheiten bedeutet. Im Normalzustand der Atome sind die Atomkerne nach RUTHERFORD von einer solchen Menge einer negativ elektrisch geladenen Substanz umgeben, daß die Gesamtladung des Atoms Null ist. Es handelt sich um dieselbe Substanz, die frei in Gestalt von Kathodenstrahlen bekannt ist. Wir nennen sie Kathodensubstanz, da sie in der Kathodenstrahlröhre aus der Kathode austritt. Die atomare Kathodensubstanz erfüllt um den Atomkern herum ein Raumgebiet, dessen Durchmesser erfahrungsgemäß von der Größenordnung 10^{-8} cm ist.

Atomkerne und Atomhüllen aus Kathodensubstanz sind auch die Bestandteile des Materiemodells, das wir nun unseren Betrachtungen zugrunde legen wollen. Daß wir dabei die Atomkerne schlechthin als Teilchen (mit Durchmessern von der Größenordnung 10^{-13} cm) und darüber hinaus als unzusammengesetzt annehmen, reicht für die Zwecke der Chemie aus.

Wir haben für den zweiten Bestandteil des Materiemodells mit Vorbedacht die recht farblose Bezeichnung Kathodensubstanz gewählt. Damit wollen wir verhindern, daß beim Hörer falsche Auffassungen durch vorbelastete Worte entstehen. Die Eigenschaften der Kathodensubstanz sind ausschlaggebend für das chemische Geschehen, und nur, wenn wir diese Eigenschaften verstehen, gewinnen wir das Verständnis der chemischen Bindungserscheinungen. Wir werden uns also jetzt zuerst mit diesen Eigenschaften zu beschäftigen haben und beginnen mit der Diskussion zweier einfacher Grundversuche.

Zunächst betrachten wir eine Kathodenstrahlröhre (Abb. 1), bei der K eine (z. B. durch einen Hilfsstrom) zum Glühen gebrachte Kathode, A ein Anodenblech mit nicht zu engem, kreisförmigem Loch, F ein Plattenkondensator und S ein Leuchtschirm ist. Wenn man die Spannung V_B (Beschleunigungsspannung) zwischen K und A anlegt, beobachtet man zunächst einen leuchtenden Punkt L_1 auf dem Schirm S. Legt man an dem Plattenkondensator F die Spannung V_A (Ablenkspannung) an, so wandert der Leuchtpunkt nach L_2. Die einfachste Deutung, die man diesem Versuch geben kann, lautet:

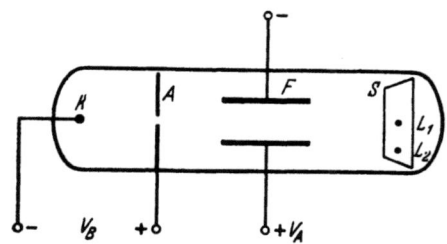

Abb. 1. „Korpuskularer" Versuch mit Kathodensubstanz.

1. Vorlesung. 3

Die Kathodenubsustanz, die aus K austritt und von der durch das Loch in A ein Strahlenbündel ausgeblendet wird, besteht aus elektrisch geladenen Korpuskeln, so daß ein Kathodenstrahl in Wirklichkeit ein Strom dahinfliegender Korpuskeln ist, die im Ablenkfeld des Kondensators wie horizontal abgeworfene Steine im Schwerefeld der Erde ,,fallen". Die Korpuskeln sind Elektronen genannt worden, und man kann die Gesamtheit korpuskularer Versuche mit Kathodensubstanz sehr gut beschreiben, wenn man annimmt, daß die Elektronen die Masse $m = 9{,}105 \cdot 10^{-28}$ g besitzen und die elektrische Ladung $-e$ tragen.

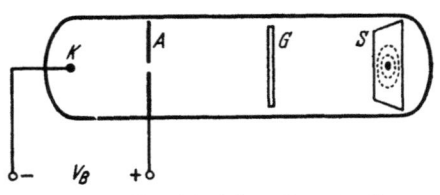

Abb. 2. ,,Undulatorischer" Versuch mit Kathodensubstanz.

Wir haben von ,,korpuskularen" Versuchen mit Kathodensubstanz gesprochen, weil auch ganz andersartige, und zwar ,,undulatorische" Versuche möglich sind. Ersetzen wir nämlich in unserer Kathodenstrahlröhre (Abb. 2) den Kondensator F durch eine materielle Folie G, so erhalten wir auf dem Schirm S (der dabei zweckmäßig durch eine photographische Platte ersetzt wird) typische Beugungsfiguren, wie sie auch auftreten würden, wenn wir die ein Raumgitter darstellende Folie mit Röntgenstrahlen durchstrahlten.

Würden wir nur Versuche der zweiten Art kennen, so würden wir ebenso überzeugt wie bei der Diskussion der Versuche der ersten Art feststellen, daß Kathodenstrahlen ,,in Wirklichkeit" eine Wellenerscheinung sind, die sich von anderen Wellenerscheinungen, wie etwa Licht, sicher in Einzelheiten wie also etwa dadurch unterscheidet, daß sie mit einem Transport elektrischer Ladung verbunden ist, die aber die wesentlichen Welleneigenschaften wie die Interferenzfähigkeit mit Licht gemeinsam hat. Wir nennen deshalb Versuche der zuletzt beschriebenen Art ,,undulatorische" Versuche.

Kathodensubstanz
korpuskulare   undulatorische
Versuche

Bei einem korpuskularen Versuch ist das Verhalten eines Kathodenstrahlbündels (wie z. B. der Betrag der durch das

1*

Ablenkfeld hervorgerufenen Ablenkung) wesentlich durch den Impulsbetrag p der Korpuskeln bestimmt. Wir verstehen unter p das Produkt aus der Masse m der „Kathodenteilchen" und dem Betrag ihrer Geschwindigkeit v: $p = mv$. Bei undulatorischen Versuchen hängt das, was geschieht, also das Aussehen der Beugungsbilder, wesentlich von der Wellenlänge λ der „Kathodenwellen" ab. Wenn man nun mit Kathodenstrahlbündeln, die man auf dieselbe Weise erzeugt (bei deren Erzeugung also insbesondere die Beschleunigungsspannung V_B dieselbe ist), einmal einen korpuskularen und ein anderes Mal einen undulatorischen Versuch macht, stellt man fest, daß zwischen p und λ die Beziehung

$$p\lambda = h \qquad (1)$$

besteht, daß also das Produkt der beiden Größen gleich der von PLANCK entdeckten Naturkonstante (PLANCKsches Wirkungsquantum) ist. Diese Beziehung ist von DE BROGLIE entdeckt worden und wird nach ihm benannt. Sie bildet eine Brücke zwischen den korpuskularen und den undulatorischen Erscheinungen.

Teilchen und Welle (oder Feld) sind zwei diametral entgegengesetzte Begriffe der klassischen Physik und es ist deshalb sicher sinnlos, in Anbetracht der korpuskular-undulatorischen Doppelgesichtigkeit der Kathodensubstanz sagen zu wollen, Kathodensubstanz sei gleichzeitig Teilchen und Welle. Daß die Doppelgesichtigkeit aber doch in einer einheitlichen Theorie, und zwar der vollständigen Quantentheorie erfaßt werden kann, hängt damit zusammen, daß gerade aus der Tatsache der Doppelgesichtigkeit *aller* physikalischen „Substanzen" nach HEISENBERG folgt, daß die klassischen Modelle „Teilchen" und „Feld" im strengen vollständigen Sinn nie realisiert sind, daß also auch Kathodensubstanz in „korpuskularen" und „undulatorischen" Versuchen sich jeweils nur in *einigen* — bei dem betreffenden Versuch stark ins Auge springenden —, jedoch grundsätzlich nicht in *allen* Punkten wie eine Ansammlung von Teilchen oder wie eine Welle benimmt.

Um die vollständige Quantentheorie der Kathodensubstanz zu entwickeln, müßten wir sehr weit ausholen und einen umfangreichen mathematischen Apparat verwenden. Das wollen wir hier aber gerade nicht tun und wir sind in der glücklichen Lage, darauf verzichten zu können, weil wir die chemischen Bindungserscheinungen

1. Vorlesung.

qualitativ schon verstehen können, wenn wir uns Behelfstheorien machen, die gewissermaßen Zwischenstationen zwischen (sicher unzulänglichen) klassischen Theorien und der vollständigen Quantentheorie sind. Welche Möglichkeiten haben wir nun, solche Behelfstheorien aufzubauen und welche leitenden Gesichtspunkte stehen uns zur Verfügung?

Wir erinnern uns daran, daß man bei der Deutung der Ablenkungsversuche von Kathodenstrahlen im elektrischen Feld mit der klassischen Korpuskelmechanik auskommt. Andererseits wissen wir, daß sich undulatorische Versuche der beschriebenen Art zwanglos durch eine klassische Wellentheorie darstellen lassen. Damit haben wir zwei Ausgangspunkte: Wir können entweder mit einer klassischen Korpuskeltheorie oder mit einer klassischen Wellentheorie beginnen und diese klassischen Theorien durch Zusätze so abändern, daß wir zu Behelfstheorien kommen, die dann allerdings nur Vorstufen zu ein und derselben vollständigen Quantentheorie sein werden.

So ergibt sich folgendes Schema:

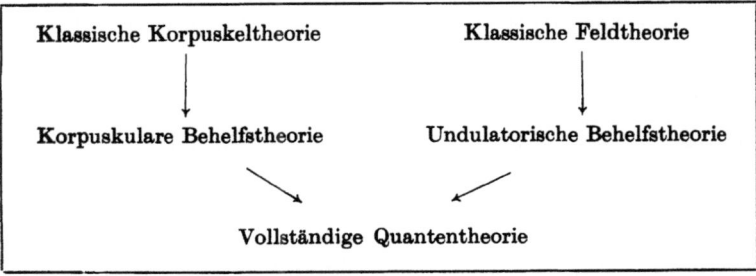

Die korpuskulare Behelfstheorie und die undulatorische Behelfstheorie werden, da sie von verschiedenen klassischen Theorien hergeleitet sind, bei Anwendung auf dasselbe Problem im allgemeinen verschieden leistungsfähig sein, der Wahrheit also verschieden nahekommen. Wir wollen vorwegnehmen, daß die undulatorische Seite unseres Schemas bei der Betrachtung des chemischen Bindungsproblems wesentlich mehr leisten wird. Trotzdem wollen wir zunächst kurz auf die korpuskulare Behelfstheorie eingehen, weil wir dann den Ausbau der undulatorischen Seite leichter bewerkstelligen können.

1. Vorlesung.

Unsere klassische Korpuskeltheorie ist einfach die NEWTONsche Mechanik. Diese Theorie ist uns so vertraut, daß wir ihr Grundgesetz gar nicht explizit in Erinnerung zu bringen brauchen und gleich an einem Beispiel einen für uns wesentlichen Punkt erörtern können.

Wir betrachten einen Körper, der sich (etwa infolge einer Führung) nur auf einer Geraden bewegen kann (Abb. 3). Zur Beschreibung seiner Lage auf der Geraden verwenden wir eine Koordinate q, die den (nach rechts hin positiv zu rechnenden) Abstand des Körpers von einem festgelegten Bezugspunkt 0 (Nullpunkt) bedeuten soll. Bei $q = 0$ und bei $q = a$, also im Abstand a voneinander, seien zwei starre, vollkommen elastische Wände aufgerichtet, zwischen denen sich der Körper bewegen soll. Wenn er zunächst die (nach rechts hin positiv zu rechnende) Geschwindigkeit v_0 und damit den Impuls $p_0 = mv_0$ hat, so wird er sich nach rechts bewegen, die Wand erreichen, an ihr reflektiert werden und dann mit der Geschwindigkeit $v = -v_0$ und dem Impuls $p = -p_0$ den Raum zwischen den Wänden, den wir als eindimensionalen Kasten bezeichnen, nach links hin durcheilen. An der linken Wand wird er wieder reflektiert und der geschilderte Ablauf beginnt von vorne. Der Körper führt im Kasten also eine periodische Bewegung aus.

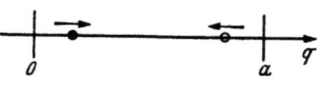

Abb. 3. Massenpunkt im linearen Kasten.

Zur anschaulichen Darstellung des mechanischen Geschehens in dem betrachteten System ist es zweckmäßig, in einer Ebene ein p, q-Koordinatensystem zu zeichnen und für die aufeinanderfolgenden Zeitpunkte jeweils die Werte der Koordinate q und des Impulses p einzutragen. Dadurch entsteht in unserem Fall eine Rechteckkurve (Abb. 4). Der Rechts- und Linksbewegung des Körpers durch den Kasten entsprechen das obere und das untere horizontale Stück. Die vertikalen Stücke geben die bei den

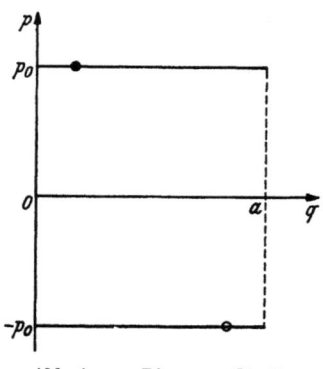

Abb. 4. p. q-Diagramm für die Bewegung des Massenpunktes im linearen Kasten.

Reflexionen eintretenden Geschwindigkeits- bzw. Impulsumkehrungen wieder. Der Bildpunkt unseres Körpers durchläuft die Rechteckkurve immer wieder (im Uhrzeigersinn). Da die Bewegung des Körpers zwischen den Wänden kräftefrei erfolgen soll, können wir dort seine potentielle Energie konstant, also z. B. gleich Null setzen. Seine Gesamtenergie ist dann kinetischer Natur. Wir bezeichnen sie mit E und kennen aus der elementaren Physik den Zusammenhang

$$E = \frac{m\,v_0^2}{2} = \frac{p_0^2}{2\,m} \tag{2}$$

zwischen E und v_0 bzw. p_0.

Obwohl wir schon bei der Diskussion der Grundversuche mit Kathodensubstanz festgestellt haben, daß eine klassische Korpuskeltheorie wie die am Beispiel erläuterte zur Erfassung der vollen Wirklichkeit nicht ausreichen kann, wollen wir uns durch Diskussion eines konkreten Beispiels anhand weiterer experimenteller Daten noch einmal davon überzeugen und dabei gleich den Leitgedanken für das Fortschreiten zur korpuskularen Behelfstheorie aus der Erfahrung gewinnen.

Wir gehen von der sicher zu primitiven Vorstellung aus, daß die in einem Wasserstoffatom enthaltene Menge von Kathodensubstanz „in Wirklichkeit" ein Elektron, also eine Korpuskel sei, für deren Bewegung die NEWTONsche Mechanik zuständig sein soll. Da nach dem COULOMBschen Gesetz die Anziehungskraft K_P, die der (der Einfachheit halber festgehaltene gedachte) Kern auf das Elektron ausübt, dem Quadrat r^2 des Abstandes der beiden Teilchen umgekehrt proportional ist ($K_P = e^2/r^2$), liegen in unserem Modell dieselben Verhältnisse wie bei der Planetenbewegung vor. Das Elektron kann sich also z. B. auf einer Kreisbahn um den Kern bewegen. Dazu muß die Zentripetalkraft K_P, die durch die COULOMBsche Kraft zwischen Kern und Elektron dargestellt wird, dauernd gleich der Zentrifugalkraft K_F sein, deren Abhängigkeit von der Masse m des Elektrons, von der Geschwindigkeit v in seiner Bahn und vom Bahnradius r aus der elementaren Mechanik zu

$$K_F = \frac{m\,v^2}{r} \tag{3}$$

bekannt ist (Abb. 5). Die „Bahnbedingung" für die Kreisbahn lautet also:

$$K_P = K_F, \frac{e^2}{r^2} = \frac{m\,v^2}{r}. \tag{4}$$

Diese Beziehung besagt, daß die Bahngeschwindigkeit v und der Bahnradius r bei der Kreisbewegung einander gegenseitig bestimmen.

Wir berechnen den Energieinhalt des Wasserstoffatoms für den Fall, daß das Elektron sich auf einer Kreisbahn bewegt. Die Energie E des Systems setzt sich aus der kinetischen Energie T und der potentiellen Energie U zusammen. Den Nullpunkt der potentiellen Energie, der willkürlich und in unser Belieben gestellt ist, legen wir so fest, daß er erreicht ist, wenn die Entfernung r des Elektrons vom Atomkern unendlich groß wird. Die potentielle Energie des Systems ist dann, wenn Atomkern und Elektron den Abstand r voneinander haben, gleich dem Negativen der Arbeit, die aufzuwenden ist, um das Elektron ins Unendliche zu bringen. Da diese Arbeit gleich e^2/r ist, ergibt sich für die potentielle Energie

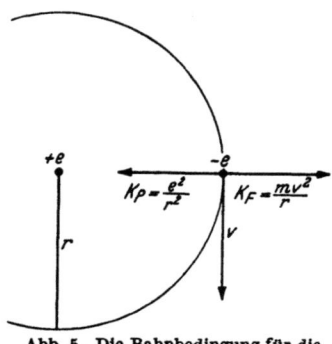

Abb. 5. Die Bahnbedingung für die Kreisbewegung.

$$U = -\frac{e^2}{r}. \qquad (5)$$

Da die kinetische Energie T gleich $mv^2/2$ ist, ergibt sich für die Energie E:

$$E = T + U = \frac{mv^2}{2} - \frac{e^2}{r}. \qquad (6)$$

Nun besteht aber die Bahnbedingung (4) zwischen v und r, aus der

$$\frac{mv^2}{2} = \frac{1}{2}\frac{e^2}{r} \qquad (7)$$

folgt. Einsetzen dieses Ausdrucks für $mv^2/2$ in (6) ergibt die Gesamtenergie als Funktion des Bahnradius:

$$E = -\frac{1}{2}\frac{e^2}{r}. \qquad (8)$$

Das kreisende Elektron führt eine periodische Bewegung aus. Man weiß nun aber aus der Elektrizitätslehre, daß ein periodisch bewegter elektrisch geladener Körper wie die periodisch bewegten Ladungsträger in einer Rundfunksendeantenne in seiner Umgebung ein elektromagnetisches Wechselfeld erzeugt, das sich vom Ort der Erzeugung aus mit Lichtgeschwindigkeit in den Raum ausbreitet und Energie transportiert. Diese Energie muß dem strahlenden System entnommen werden. Ein Wasserstoffatom sollte also, wenn wir unser primitives Modell ernst nehmen, dauernd strahlen und dabei müßte seine Energie laufend abnehmen. Wenn das Atom bei der dauernden Strahlung laufend Energie verlieren soll, kann das nach (8) nur so geschehen, daß der Radius der Elektronenbahn immer kleiner wird, das Elektron sich also in einer Spirale auf den Atomkern zu bewegt. Diese Schlußfolgerung widerspricht der Erfahrung, daß es für Wasserstoffatome einen Normal- oder Grundzustand gibt, in dem sie beliebig lange verweilen können und in dem sie nicht strahlen. Beides können wir bisher offensichtlich nicht verstehen.

Wie wir unsere verbesserungsbedürftige Theorie nun abzuändern haben, sehen wir, wenn wir zu der Tatsache, daß es einen Grundzustand mit klassisch-korpuskular nicht zu verstehender Stabilität gibt, die weitere Tatsache hinzunehmen, daß auch im Bereich höherer Energieinhalte das Atom nur in bestimmten ausgezeichneten Zuständen existieren kann. Auf einer Energieskala können wir die „erlaubten" Energieinhalte durch Striche darstellen. Wir erhalten dann das Bild der Abb. 6: E_A ist eine für das Wasserstoffatom charakteristische Energiegröße vom Betrag $2{,}1776 \cdot 10^{-11}$ erg. Jeden Strich nennen wir einen Term oder Quantenzustand. Wir können die Terme, etwa von unten an, numerieren. Die Nummern nennen wir Quantenzahlen. Das Bestehen eines Termsystems hat zur Folge, daß das Atom Energie nur in Beträgen aufnehmen und abgeben kann, die vorkommenden Termdifferenzen entsprechen.

Die beschriebene Erscheinung der Quantelung des Energieinhaltes von Atomen, die sich übrigens bei Molekülen

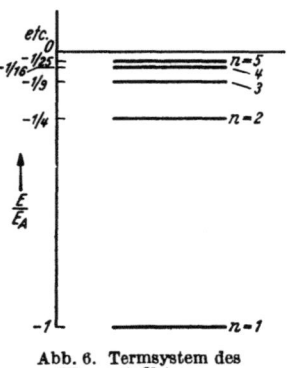

Abb. 6. Termsystem des Wasserstoffatoms.

in gleichartiger Weise wiederfindet, so daß sich die einzelnen atomaren und molekularen Systeme nur durch die spezielle Anordnung der Terme auf der Energieskala unterscheiden, legt uns nahe, nach einer Auslesebedingung zu suchen, die aus der Gesamtheit der klassisch möglichen Bewegungen diejenigen auswählt, die in der Natur wirklich vorkommen können und die dann den Quantenzuständen entsprechen. Wir versuchen also jetzt, unsere klassische Korpuskeltheorie dadurch einigermaßen zu retten, daß wir ihr eine Zusatzbedingung aufpfropfen. Die klassische Korpuskeltheorie zusammen mit der Zusatzbedingung würde dann die geplante korpuskulare Behelfstheorie bilden.

Die Wirkung der von BOHR gefundenen Zusatzbedingung erläutern wir am besten gleich anhand des einfachen Kastenbeispiels. Nach BOHR kommen nur solche Bewegungen vor, für die die vom Systembildpunkt in der p, q-Ebene umlaufene Fläche (die man im Sinne der Integralrechnung mit dem Symbol $\int p\, dq$ bezeichnen würde) ein ganzzahliges Vielfaches der PLANCKschen Konstanten h ist. Nennen wir diese Fläche $F_{p,q}$ und bedeutet n eine positive ganze Zahl, so lautet also[1] die BOHRsche Quantenbedingung (für eindimensionale Bewegungen)

$$\boxed{F_{p,q} = nh \qquad n : 1, 2, \ldots} \qquad (9)$$

Bei der Bewegung des Körpers im Kasten ist nach Abb. 4:

$$F_{p,q} = 2 p_0 a \qquad (10)$$

und die Anwendung der BOHRschen Bedingung ergibt, daß nur solche p_0-Werte wirklich vorkommen können, die aus der Beziehung

$$2 p_0 a = nh \qquad (11)$$

für ein ganzzahliges n folgen. Das hat aber dann zur Folge, daß auch für den Energieinhalt nur die diskret auf der Energieskala liegenden Werte

$$E_n = \frac{p_0^2}{2m} = \frac{n^2 h^2}{8 m a^2} \qquad n : 1, 2, \ldots \qquad (12)$$

möglich sind.

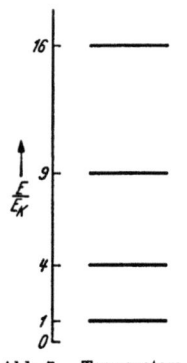

Abb. 7. Termsystem des linearen Kastens.

Den der Quantenzahl n entsprechenden Energieinhalt haben wir mit E_n bezeichnet. Die für den Kasten charakteristische Energie-

---

[1] Die BOHRsche Bedingung ist hier nicht ganz genau so formuliert, wie BOHR sie aufgestellt hat. Nach BOHR sollte auch $n = 0$ möglich sein.

1. Vorlesung.

größe $h^2/8m\,a^2$ können wir mit E_K bezeichnen und dann die Terme für die Bewegung des Körpers im linearen Kasten in der Form

$$E_n = n^2 E_K, \quad n:1,2,\ldots; \quad E_K = \frac{h^2}{8\,m\,a^2} \qquad (13)$$

schreiben. In Abb. 7 ist das Termsystem dargestellt. Wir wollen uns nun davon überzeugen, daß die Quantelung der Energie nach BOHR im Fall der Kreisbahnen im Wasserstoffatom Resultate ergibt, die mit der Erfahrung übereinstimmen. Wir zählen die Koordinate q in diesem Fall von einem festen Punkt der Kreisbahn an. Da der Umfang des Kreises $2\pi r$ beträgt, bedeutet $q = 2\pi r$ wieder den Anfangspunkt. Demgemäß kommt in der p,q-Ebene nur der q-Bereich zwischen 0 und $2\pi r$ für uns in Frage. Längs der Bahn ist der Impuls konstant und nach (4)

$$p = mv = e\sqrt{\frac{m}{r}}. \qquad (14)$$

Die BOHRsche Fläche (s. Abb. 8) hat den Inhalt

$$F_{p,q} = 2\pi r \cdot e\sqrt{\frac{m}{r}} = 2\pi e\sqrt{m\,r} \qquad (15)$$

und die Quantenbedingung lautet hier also

$$2\pi e\sqrt{m\,r} = n h \quad n:1,2,\ldots. \qquad (16)$$

Daraus folgt für den Bahnradius

$$r_n = \frac{n^2 h^2}{4\pi^2 m e^2} \qquad (17)$$

und damit nach (8) für den Energieinhalt

$$E_n = -\frac{1}{n^2}\frac{2\pi^2 m e^4}{h^2} \quad n:1,2,\ldots. \qquad (18)$$

Wir bezeichnen die Energiegröße $2\pi^2 m e^4/h^2$ mit E'_A und können dann die Terme des Wasserstoffatoms in der Form

$$E_n = -\frac{1}{n^2} E'_A, \quad n:1,2,\ldots; \quad E'_A = \frac{2\pi^2 m e^4}{h^2} \qquad (19)$$

schreiben. Der Vergleich mit Abb. 6 zeigt, daß wir das richtige Termgesetz bekommen haben. Durch Einsetzen der Zahlenwerte von m, e und h erhalten wir $E'_A = 2{,}18 \cdot 10^{-11}$ erg, also einen Wert, der praktisch vollständig mit dem empirischen Wert (s. oben) übereinstimmt.

Für den Radius der Elektronenbahn im Grundzustand des Wasserstoffatoms ($n = 1$) ergibt sich aus (17) mit den Zahlenwerten der Naturkonstanten

$$r_A = 0{,}53 \cdot 10^{-8} \text{ cm}, \qquad (20)$$

also ein plausibler Wert.

Unsere Untersuchung des Wasserstoffatoms wäre jetzt natürlich noch durch eine Betrachtung der klassisch ebenfalls möglichen Ellipsen- und Hyperbelbahnen des Elektrons zu ergänzen. In bezug auf die Ellipsenbahnen würden wir dabei z. B. feststellen, daß schon zu $n = 2$ außer der Kreisbahn noch drei Ellipsenbahnen existieren, für die der Energieinhalt des Atoms ebenfalls gleich E_2 ist. Wir sehen aber, ohne daß wir diese Einzelheiten wirklich auch durchführen, schon jetzt, daß die korpuskulare Behelfstheorie manche Tatsachenbereiche recht gut beschreibt.

Der zweite Weg zu einer Behelfstheorie beginnt, wie wir festgestellt haben, bei der klassischen Wellen- oder Feldtheorie. Wir wollen gleich zu Beginn überlegen, ob wir erwarten dürfen, daß auf diesem Weg eine qualitativ zutreffende Beschreibung des Verhaltens der atomaren Kathodensubstanz erreicht werden kann. Dazu gehen wir von der klassischen Korpuskeltheorie und der Erfahrungstatsache aus, daß

Abb. 8. BOHRsche Fläche für die Kreisbewegung.

Atome Durchmesser von der Größenordnung 10^{-8} cm haben. Aus der Bahnbedingung für die klassische Bewegung eines Elektrons im Wasserstoffatom folgt nach (14) für den Impuls

$$p = e\sqrt{\frac{m}{r}}. \qquad (21)$$

Wenn wir für die Naturkonstanten ihre Zahlenwerte und für r 10^{-8} cm einsetzen, ergibt sich daraus

$$p \approx 1{,}5 \cdot 10^{-19} \frac{\text{cm g}}{\text{s}}. \qquad (22)$$

1. Vorlesung.

Die entsprechende charakteristische Wellenlänge der Kathodensubstanz ergibt sich mit Hilfe der DE BROGLIEschen Beziehung (1) zu

$$\lambda = \frac{h}{p} \approx 4{,}5 \cdot 10^{-8} \text{ cm}. \tag{23}$$

Sie hat dieselbe Größenordnung wie die Lineardimension des Aufenthaltsbereiches der Kathodensubstanz im Atom. Wellenlänge und „Apparatedimensionen" sind von derselben Größenordnung und da in solchen Fällen Beugungserscheinungen das Bild beherrschen, liegt es recht nahe, das Verhalten der atomaren Kathodensubstanz vom Standpunkt einer undulatorischen Theorie aus zu betrachten. Die undulatorische Seite unseres theoretischen Grundschemas wird demnach für unsere Zwecke wertvoll sein.

Während wir bei der Suche nach einer klassischen Korpuskeltheorie für Kathodensubstanz sofort und eindeutig auf die NEWTONsche Mechanik gestoßen waren, kennen wir die klassische Wellen- oder Feldtheorie für Kathodensubstanz noch nicht. Das hängt damit zusammen, daß es mehrere klassische Wellentheorien gibt bzw. geben kann, die sich in Einzelheiten unterscheiden, die aber jedenfalls die Hauptzüge gemeinsam haben und damit die gemeinsame Benennung als Wellentheorien rechtfertigen.

Die klassische Wellentheorie der Kathodensubstanz, diejenige Theorie also, die den undulatorischen Versuchen mit Kathodensubstanz weitgehend (wenn auch natürlich — wie wir wissen — nicht vollständig) gerecht wird, wird sich als merklich verschieden von den geläufigen klassischen Wellentheorien herausstellen. Vorläufig wollen wir jedoch ruhig eine solche geläufige Theorie betrachten, um die gemeinsamen Grundbegriffe aller Wellentheorien ins Gedächtnis zurückzurufen.

Das einfachste „Feld", das wir als Parallelfall betrachten können, ist eine gespannte Saite. Wir denken zunächst an eine Saite endlicher Länge a, die an ihren Endpunkten eingespannt ist, weil bei dieser Anordnung die Erscheinungen etwas einfacher sind, als bei der unendlich langen Saite. Die „Feldgröße" ist die Ausschwingung, der Ausschlag oder die Elongation Ψ. Die Elongation der Saite, die nur in einer Ebene schwingen soll, kann positiv und negativ sein.

Wenn wir von der schwingenden Saite in einem bestimmten Augenblick t_0 eine Momentaufnahme machen, erhalten wir etwa das

Bild der Abb. 9. Die Elongation ist bei diesem Bild für die verschiedenen Stellen der Saite, die wir durch eine Koordinate x bezeichnen, verschieden, sie ist eine mehr oder weniger komplizierte Funktion von x:

$$\Psi_{t_0} = \Psi_{t_0}(x). \tag{24}$$

Für einen anderen Zeitpunkt wird diese Funktion eine andere Gestalt haben, so daß wir sagen können, die Elongation sei allgemein eine Funktion des Ortes *und* der Zeit

$$\Psi = \Psi(x, t). \tag{25}$$

Entscheidend ist nun, daß die Elongationsfunktion nicht beliebig sein kann, sondern daß nur solche Funktionen Ψ wirklich vorkommen, die dem Grundgesetz unseres Feldes (das man hier Saitendifferentialgleichung nennen würde) gehorchen.

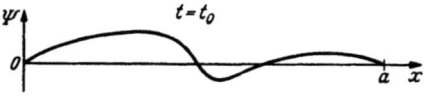

Abb. 9. Momentaufnahme der schwingenden Saite.

Dieses Grundgesetz verknüpft die Ortsabhängigkeit und die Zeitabhängigkeit der Elongationsfunktion. Wir brauchen auf das Grundgesetz der Saite selbst nicht zurückzugreifen, weil die wichtigsten Folgerungen aus ihm weitgehend bekannt sind.

Die wichtigste Eigenschaft der Saitenwellen, die sie mit allen Arten von Wellen gemeinsam haben, ist ihre Fähigkeit, sich überlagern zu können:

Wenn auf der Saite bei einem Versuch ein Wellenvorgang stattfindet, der etwa durch die Elongationsfunktion $\Psi_1(x, t)$ beschrieben wird und bei einem zweiten ein solcher, dessen Elongationsfunktion $\Psi_2(x, t)$ ist, so beschreibt auch $c_1 \Psi_1(x, t) + c_2 \Psi_2(x, t)$ einen auf der Saite möglichen Wellenvorgang. Die (beliebigen) Zahlen c_1 und c_2 heißen die Überlagerungskoeffizienten. Sie geben an, in welchem Ausmaß die „Partialwellen" Ψ_1 und Ψ_2 an dem Gesamtwellenvorgang beteiligt sind. In Abb. 10 ist an einer Reihe von Momentaufnahmen das Überlagerungsprinzip für den Spezialfall $c_1 = c_2 = 1$ veranschaulicht.

Wegen der Gültigkeit des Überlagerungsprinzips kann man komplizierte Wellenvorgänge durch Überlagerung eines festen Satzes einfacher Normalwellen darstellen. Als Normalwellen wird man möglichst einfache Wellen wählen und dafür bieten sich die einfachen oder harmonischen stehenden Wellen der Saite an. Abb. 11 erklärt besser als eine kurze Worterklärung, was man unter harmonischen stehenden Wellen versteht. Wir greifen einen solchen „stehenden" Wellenvorgang heraus und betrachten ihn näher (in der Abb. 12 haben wir der Einfachheit

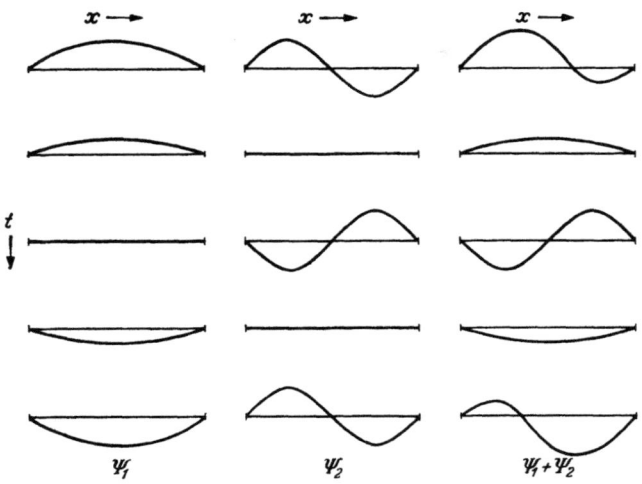

Abb. 10. Das Überlagerungsprinzip.

halber nur die beiden Extremlagen der Saite dargestellt): Das Saitenteilchen bei x_1 bewegt sich im Laufe der Zeit periodisch auf und ab. Wenn wir die ausgezogene Extremlage als Bezug wählen,

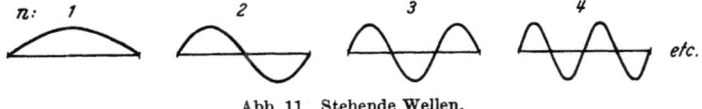

Abb. 11. Stehende Wellen.

nennen wir $\psi(1)$ die Amplitude der Saite an der Stelle x_1. Die Elongation der Saite an der Stelle x_1 können wir dann durch

$$\psi(1) \sin 2\pi \nu t \quad (= \psi(1) \sin \omega t) \tag{26}$$

darstellen, wobei ν die Frequenz des herausgegriffenen Wellenvorgangs bedeutet. (Die Größe $\omega = 2\pi\nu$, die in der Wellenlehre als Kreisfrequenz bezeichnet wird, haben wir hier eingeführt, um die Formeln nicht durch zu viele Symbole zu belasten.)

An der Stelle x_2 ist die Amplitude $\psi(2)$ im allgemeinen verschieden von $\psi(1)$, charakteristisch für eine stehende Welle ist aber, daß die Bewegung der Saitenstückchen bei x_1 und x_2 „im gleichen Takt" erfolgt, so daß also die Elongation bei x_2 ebenfalls in der Form $\psi(2) \sin \omega t$ dargestellt werden kann. Bedeutet schließlich

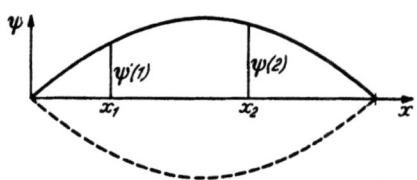

Abb. 12. Amplitudenfunktion einer stehenden Welle.

$$\psi = \psi(x) \qquad (27)$$

die ausgezeichnete Linie der Abb. 12, die wir die Amplitudenfunktion nennen, so ist die Elongation einer stehenden Welle in Abhängigkeit von Ort (x) und Zeit (t) gegeben durch

$$\boxed{\Psi_{stehend} = \psi(x) \sin \omega t.} \qquad (28)$$

Die Amplitudenfunktion einer stehenden Welle n-ter Ordnung lautet (mit k als freiem Faktor) nach Abb. 11

$$\psi_n = k \sin \frac{n \pi x}{a} = k \sin 2\pi \frac{x}{\lambda_n}. \qquad (29)$$

Ihre „Wellenlänge" λ_n wird durch

$$\lambda_n = \frac{2a}{n} \qquad (30)$$

angegeben.

Da k zunächst beliebig sein kann, müssen wir uns noch darüber einigen, was wir vollständig bestimmt als eine Normalwelle im eigentlichen Sinn bezeichnen wollen. Dazu setzen wir fest: Wir wollen bei den „eigentlichen Normalwellen" k so wählen, daß jeweils in einem Diagramm, in dem wir $\psi^2(x)$ als Funktion von x aufgetragen haben, die unter $\psi^2(x)$ liegende Fläche gleich 1, daß also $\int_0^a \psi^2 \, dx = 1$ ist. Das ist dann der Fall, wenn wir für k in (29) den Wert $\sqrt{2/a}$ setzen, so daß die Amplitudenfunktionen ψ_{0n} der eigentlichen Normalwellen

$$\psi_{0n} = \sqrt{\frac{2}{a}} \sin \frac{n \pi x}{a} \qquad (31)$$

lauten. Die Elongationsfunktionen der eigentlichen Normalwellen bezeichnen wir ebenfalls mit dem Index 0:

$$\Psi_{0n} = \psi_{0n} \sin \omega_n t. \qquad (32)$$

Normalwellen im weiteren Sinn nennen wir die Funktionen

$$\Psi_n = c\,\Psi_{0n} \tag{33}$$

mit c als freiem Faktor.

Das Grundgesetz der Saite stellt einen Zusammenhang her zwischen der Wellenlänge λ, die die örtliche Änderung von Ψ regelt, und der Frequenz ν, die die zeitliche Änderung von Ψ bestimmt. Dieser Zusammenhang lautet so, daß das Produkt aus Frequenz und Wellenlänge (die ,,Fortpflanzungsgeschwindigkeit'' v) gleich einer Konstanten, und zwar gleich der Wurzel aus dem Quotienten der Zugspannung σ und der Masse η pro Längeneinheit der Saite ist:

$$v = \nu\lambda = \text{const} = \sqrt{\frac{\sigma}{\eta}}. \tag{34}$$

Daraus folgt übrigens, daß die Frequenzen der Normalwellen mit den Amplitudenfunktionen (29) um so höher liegen, je kleiner die Wellenlänge, je größer die Zahl der Nullstellen oder ,,Knotenstellen'' der Amplitudenfunktion ist. Diese Feststellung gilt als Regel (Knotenregel) auch in allgemeineren Fällen.

Wir sind jetzt genügend vorbereitet, um eine klassische Wellentheorie der Kathodensubstanz in Angriff nehmen zu können. Da diese Substanz elektrische Ladung trägt, also durch elektrische Felder beeinflußt werden kann, werden wir auf einfache Verhältnisse treffen, wenn wir zunächst nur ihr Verhalten in einem von äußeren elektrischen Feldern freien Raum betrachten. Damit ist allerdings noch nicht alles zur Herstellung des einfachsten Falles getan, da die Kathodensubstanz vermöge ihrer Ladung mit sich selbst in Wechselwirkung tritt, weshalb wir als zweite vereinfachende Voraussetzung noch die hinzufügen wollen, daß die Kathodensubstanzdichte sehr klein sein soll. Um den Begriff Kathodensubstanzdichte klarzustellen, müssen wir noch erklären, was wir unter Menge der Kathodensubstanz verstehen wollen und eine Mengeneinheit festlegen. Da Kathodensubstanz elektrische Ladung trägt, beschreiben wir Menge von Kathodensubstanz am besten durch Angabe der Ladung, die mit ihr verknüpft ist. Als Mengeneinheit wählen wir diejenige Menge, die die Ladung $-e$ trägt, die also bei korpuskularen Versuchen gerade ein Elektron ausmacht. Die Mengen Kathodensubstanz, die in einer klassischen Wellen- oder Feldtheorie dieser Substanz vorkommen können, brauchen natürlich keineswegs ganzzahlig (also ganzzahlige Vielfache von ,,Elektronen") zu sein.

Um in Analogie zu der Saitentheorie argumentieren zu können, wollen wir zunächst nur den (künstlichen) Fall betrachten, daß sich Kathodensubstanz längs einer Geraden, und zwar in einem linearen Kasten bewegt. Da wir annehmen, daß die Substanz den Kasten durch die Wände hindurch nicht verlassen kann, werden wir uns nur mit eindimensionalen Wellen innerhalb des Kastens zu beschäftigen haben, so daß eine Ähnlichkeit mit dem Saitenproblem schon jetzt unverkennbar hervortritt. Wir interessieren uns natürlich auch hier wieder in erster Linie für die einfachen Normalwellen des Kathodenfeldes, da wir aus ihnen nach dem Überlagerungsprinzip auch alle komplizierteren Fälle aufbauen können.

Probeweise versuchen wir in Anlehnung an die Saite den Zustand der Kathodensubstanz, von der wir eine beliebige (aber nicht zu große) Menge in den linearen Kasten eingefüllt haben, durch eine Wellenfunktion

$$\Psi = c\,\psi \sin \omega t \tag{35}$$

zu beschreiben. Dabei stoßen wir sofort auf eine Schwierigkeit, wenn wir die experimentelle Tatsache beachten, daß nur dort Kathodenwellen nachweisbar sind, wo die (etwa an ihrer Ladung nachweisbare) Kathodensubstanz sich befindet, daß die Kathodensubstanzdichte an den verschiedenen Stellen des Raumes also mit dem Wert der Wellenfunktion an diesen Raumstellen zusammenhängen muß. Eine Substanzdichte kann nur positive oder verschwindende Werte haben, so daß Ψ selbst, das immer einmal auch negative Werte annimmt, kein Maß für die Substanzdichte sein kann. Der nächste Ausweg wäre der, daß man nicht den Wert von Ψ, sondern den von Ψ^2 als Maß für die Substanzdichte an der Stelle x ansetzt. Nun ist Ψ^2 zwar immer positiv oder Null, aber da die ,,Saite" immer wieder die Null-Lage passiert, und zwar bei Normalwellen gleichzeitig an allen Stellen x, würde dann die Gesamtmenge der Kathodensubstanz im Kasten zu diesem Zeitpunkt immer Null sein, während sie an dazwischen liegenden Zeitpunkten endlich wäre. Das widerspricht dem Satz von der Erhaltung der Kathodensubstanz, den wir in Anbetracht der experimentellen Erfahrung festhalten müssen.

Auch die Interpretation von Ψ^2 als Substanzdichte führt also aus den Schwierigkeiten nicht heraus, wenn wir an der Saitentheorie wörtlich festhalten. Der entscheidende Schritt, der uns zu einer für unsere Zwecke brauchbaren Theorie führt, besteht darin, daß wir die Normalwellen vom Typ (32) durch solche der Form

$$\Psi_0 = \psi_0 (\cos \omega t + i \sin \omega t) \tag{36}$$

ersetzen. Dabei soll

$$i = \sqrt{-1} \tag{37}$$

sein.

Unser neues Ψ_0 hat, wenn wir $\psi_0 \cos \omega t$ mit α und $\psi_0 \sin \omega t$ mit β bezeichnen, die Gestalt

$$\Psi_0 = \alpha + i\beta. \tag{38}$$

Eine solche Größe nennt man eine komplexe Größe und man bezeichnet durch einen Stern die dazu konjugiert komplexe Größe, die aus Ψ_0 dadurch entsteht, daß man das Vorzeichen des Gliedes $i\beta$ umkehrt:

$$\Psi_0^* = \alpha - i\beta. \tag{39}$$

Das Produkt aus Ψ_0^* und Ψ_0 ist dann

$$\Psi_0^* \Psi_0 = (\alpha - i\beta)(\alpha + i\beta) = \alpha^2 + \beta^2 \tag{40}$$

und mit der Bedeutung von α und β ergibt sich wegen $\sin^2 \omega t + \cos^2 \omega t = 1$

$$\Psi_0^* \Psi_0 = \psi_0^2. \tag{41}$$

Wenn wir nun $\Psi_0^* \Psi_0$ als Substanzdichte interpretieren wollen, ergeben sich, wie wir sehen, jedenfalls für die durch die Normalwellen dargestellten Normalzustände des Systems keine Schwierigkeiten mehr. Da $\Psi_0^* \Psi_0$ nach (41) für diese Zustände zeitunabhängig ist [$\psi_0^2(x)$ hängt ja nur von x ab], ist für die Normalzustände der Forderung nach Erhaltung der Kathodensubstanz sicher Genüge getan. Wir sehen weiter, daß für die Normalzustände im weiteren Sinne, die durch

$$\Psi = c \, \Psi_0 \tag{42}$$

darzustellen wären, wegen

$$\Psi^* \Psi = c^2 \psi_0^2 \tag{43}$$

dasselbe gilt. Schließlich könnten wir uns davon überzeugen, daß der Erhaltungssatz auch für beliebig zusammengesetzte Zustände (für die dann allerdings $\Psi^*\Psi$ an den einzelnen Stellen nicht mehr zeitunabhängig wird) erfüllt ist. Bei diesen Zuständen ändert sich zwar die Substanzdichte an den einzelnen Stellen x im Laufe der Zeit, aber insgesamt doch so, daß die gesamte Substanzmenge im Kasten erhalten bleibt.

Wenn wir von nun an $\Psi^*\Psi$ gleich der Kathodensubstanzdichte ϱ setzen und unter δx eine kleine Strecke in dem Kasten verstehen, so ist $\varrho\,\delta x = \Psi^*\Psi\,\delta x$ die auf δx entfallende Kathodensubstanz-

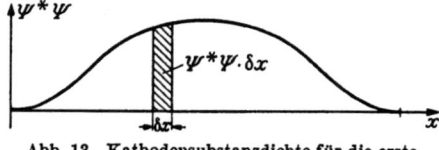

Abb. 13. Kathodensubstanzdichte für die erste Normalwelle des Kastens.

menge. Diese Substanzmenge wird durch den Flächenstreifen dargestellt, den wir in Abb. 13, die die Verhältnisse für den ersten eigentlichen Normalzustand darstellt, eingezeichnet haben. Die Gesamtfläche unter der $\Psi^*\Psi$-Kurve muß also die Gesamtmenge der im Kasten vorhandenen Kathodensubstanzmenge bedeuten und wir sehen nun, daß für die eigentlichen Normalzustände ($c = 1$) wegen der festgelegten Eigenschaften von $\psi_0(x)$ diese Menge die Mengeneinheit ist (die Fläche unter ψ_0^2 ist die Flächeneinheit). Das ist keineswegs so zu verstehen, daß in unserer undulatorischen Theorie nun plötzlich ,,von selbst" ein korpuskularer Zug auftritt, denn die Festsetzung über die Fläche unter $\psi_0^2(x)$ war rein willkürlich und für einen Normalzustand im weiteren Sinne ist nach (43) die Menge an Kathodensubstanz im Kasten c^2 und c^2 ist in einer klassischen Feldtheorie keineswegs auf ganzzahlige Werte beschränkt.

	Normalzustände	
	eigentliche	im weiteren Sinn
Saitenfeld	$\Psi_0 = \psi_0 \sin\omega t$	$\Psi = c\,\Psi_0 = c\,\psi_0 \sin\omega t$
Klassisches Kathodenfeld	$\Psi_0 = \psi_0 (\cos\omega t + i \sin\omega t)$	$\Psi = c\,\Psi_0 = c\,\psi_0 (\cos\omega t + i \sin\omega t)$

Wenn wir die eigentlichen Normalzustände wieder mit Ψ_{0n} bezeichnen, läßt sich ein beliebig komplizierter Zustand des

1. Vorlesung.

Kathodenfeldes im Kasten durch

$$\Psi = c_1 \Psi_{01} + c_2 \Psi_{02} + \cdots \qquad (44)$$

darstellen, ebenso wie sich ein beliebig komplizierter Schwingungszustand der Saite durch Superposition der Normalschwingungen herstellen läßt. Ψ ist zwar in diesem Fall zeitabhängig, da aber die Gesamtmenge dabei erhalten bleibt, können wir uns zur Bestimmung der Menge auf den Zeitpunkt $t = 0$ beschränken[1]. Zu diesem Zeitpunkt haben die Zeitfaktoren $(\cos \omega t + i \sin \omega t)$ der Schwingungen alle den Wert 1 und dann ist

$$(\Psi^* \, \Psi)_{t=0} = (c_1 \, \psi_{01} + c_2 \, \psi_{02} + \cdots)^2. \qquad (45)$$

Wir brauchen also nur die für $t = 0$ gültige Dichtekurve $(c_1 \, \psi_{01} + c_2 \, \psi_{02} + \cdots)^2$ aufzuzeichnen und die Fläche unter der Kurve zu ermitteln, um die Gesamtmenge an Kathodensubstanz, die sich bei einem durch (44) beschriebenen Zustand im Kasten befindet, zu erhalten. Diese Menge hängt natürlich von den Überlagerungskoeffizienten $c_1, c_2, \ldots$ ab.

Nun wollen wir uns der Frage nach dem Energieinhalt unseres Systems zuwenden. So wie die schwingende Saite hat auch das Kathodenfeld einen Energieinhalt und wir könnten uns die Frage stellen, wie der Energieinhalt allgemein aus der Feldfunktion Ψ zu errechnen wäre. So allgemein wollen wir aber gar nicht vorgehen, sondern anhand unserer bisherigen Kenntnisse das Problem in einfacherer Weise lösen.

Wir gehen dazu von der Betrachtung eines Normalzustandes im weiteren Sinn aus. Es soll sich um die n-te Normalwelle handeln, die mit dem Koeffizienten c_n angeregt sei:

$$\Psi = c_n \Psi_{0n} = c_n \, \psi_{0n} (\cos \omega_n t + i \sin \omega_n t). \qquad (46)$$

Diese Funktion stellt eine Welle mit der Wellenlänge

$$\lambda_n = \frac{2a}{n} \qquad (47)$$

dar. Nach der DE BROGLIEschen Beziehung wissen wir, daß Kathodensubstanz in einem solchen Zustand bei einem *korpuskularen*

---

[1] Die Überlagerungskoeffizienten c_i können im allgemeinsten Fall auch komplexe Werte haben. Dann sind in den folgenden Formeln (45), (54) und (55) Ausdrücke wie c_i^2 und $c_i c_j$ durch $c_i^* c_i$ und $c_i^* c_j$ zu ersetzen.

Versuch sich so benehmen würde, als ob jedes *Teilchen* den Impuls
$$p_n = \frac{h}{\lambda_n} = \frac{n h}{2 a} \tag{48}$$
hätte. Dann würde aber jedes Teilchen die Energie
$$E_n = \frac{p_n^2}{2m} = \frac{n^2 h^2}{8 m a^2} \tag{49}$$
besitzen. Da bei dem durch (46) dargestellten Zustand die Menge der Kathodensubstanz im Kasten c_n^2 beträgt, müssen wir sinngemäß (da die Mengen*einheit* der Kathodensubstanz gerade soviel von dieser ausmacht, daß daraus ein „Teilchen" gemacht werden könnte) auch wenn c_n^2 *nicht* ganzzahlig ist, versuchsweise für den Energieinhalt
$$E = c_n^2 E_n = c_n^2 \frac{n^2 h^2}{8 m a^2} \tag{50}$$
setzen. Diese Beziehung haben wir durch Bezugnahme auf die korpuskulare Seite unseres theoretischen Schemas auf dem Weg über die DE BROGLIEsche Brücken-Beziehung erhalten. Da wir aber von der Saitentheorie her wissen, daß in jeder Wellentheorie ein charakteristischer Zusammenhang zwischen Wellenlänge und Frequenz besteht, sollte es auch möglich sein, die charakteristischen Energiewerte E_n, die wir als Funktion der Wellenlänge kennen, durch die mit ihr zusammenhängende Frequenz auszudrücken. Das wird durch die Beziehung
$$\boxed{E_n = h \nu_n} \tag{51}$$
geleistet. Durch Kombination der Gleichungen (48), (49) und (51) erhalten wir nun wenigstens für den Fall der kräftefreien Bewegung auch die noch ausstehende Beziehung zwischen λ und ν zu
$$h \nu = \frac{h^2}{2 m \lambda^2}. \tag{52}$$
Sie ist von der ihr entsprechenden Beziehung der Saitentheorie verschieden.

Bei der Argumentation, die uns zu dieser Beziehung geführt hat, haben wir jedoch übersehen, daß es für die Beschreibung einer kräftefreien Bewegung im Kasten gar nicht notwendig war, die potentielle Energie der Kathodenmaterie im Kasten gleich Null zu setzen, sondern daß es nur wichtig war, sie an allen Stellen des Kastens gleich anzunehmen. Nur die Variationen der potentiellen Energie (hier mit x) sind physikalisch von Belang, die Festsetzung ihres Nullpunktes ist in unser Belieben gestellt. Wenn wir nun aber den charakteristischen Energiewert eines Normalzustandes der Kathodensubstanz unter Zugrundelegung zweier verschiedener Nullpunkte für die potentielle Energie angeben, werden die beiden Zahlenangaben verschieden sein, und zwar werden sie sich um die Differenz der beiden Nullpunkte auf der Energieskala unterscheiden. Damit folgt aber sofort, daß die der Energie proportionale Frequenz des Kathodenfeldes einen in unser Belieben gestellten additiven Anteil enthält. Die Frequenz einer Normalschwingung des Kathodenfeldes ist also absolut genommen keine eigentliche physikalische Größe. Da wir aber experimentell sowieso nur Aussagen der Theorie über Energie*differenzen* nachprüfen können und wegen

$$E_2 - E_1 = h\nu_2 - h\nu_1 = h(\nu_2 + \nu_0) - h(\nu_1 + \nu_0) \tag{53}$$

die additive beliebige Frequenz ν_0 herausfällt, können wir von der Beziehung (52) bedenkenlos Gebrauch machen, wenn nur bei der Behandlung des Problems der einmal vereinbarte Nullpunkt der potentiellen Energie immer festgehalten wird.

Die Formel (49) für die charakteristischen Energiewerte hat genau dieselbe Form, wie die in der korpuskularen Behelfstheorie gewonnene Beziehung für die Energie des n-ten Quantenzustandes der Bewegung *eines Teilchens* im Kasten. Daß die damit offenbar werdende Analogie der korpuskularen und der undulatorischen Theorien aber noch unvollständig ist und (durch Übergang von der klassischen undulatorischen zur undulatorischen Behelfstheorie) noch ergänzt werden muß, erkennen wir, wenn wir, korpuskular gesprochen, zunächst ein System von N Teilchen im Kasten betrachten, die sich alle im n-ten Quantenzustand befinden sollen. Wir kennen dann bereits auf der klassischen Stufe die Teilchenzahl N, erfahren auf der Stufe der korpuskularen Behelfstheorie als Resultat der Einführung der Bohrschen Quantenbedingung E_n und können die Gesamtenergie zu NE_n angeben. Demgegenüber kennen wir auf der klassisch undulatorischen Stufe bei dem System im n-ten Normalzustand (im weiteren Sinn) bereits den charakteristischen Energiewert E_n, aber zur Berechnung des Gesamtenergieinhaltes fehlt uns noch die „Teilchenzahl" N, da unsere klassische undulatorische Theorie nichts über c_n^2 und insbesondere nichts darüber aussagt, daß für c_n^2 immer nur ganzzahlige Werte in Frage kommen.

Nun ergibt sich fast zwangsläufig, wie die „Quantenbedingung"
(zunächst für die Normalzustände) aussehen muß, mit der wir den
Übergang von der klassischen undulatorischen Theorie zur undulatorischen Behelfstheorie vollziehen können.

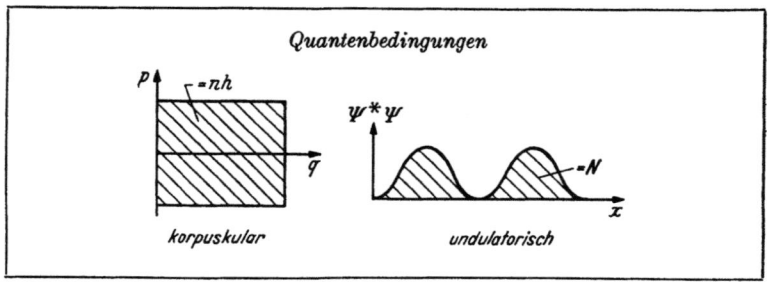

Sie lautet: Es kommen nur solche Normalzustände (im weiteren
Sinn) wirklich vor, für die
$$c_n^2 = N \qquad N: 0, 1, 2, \ldots \tag{54}$$
ist, wobei N eine positive ganze Zahl oder Null ist. Wenn N einen
festen Wert hat, so würde man die damit im Rahmen der undulatorischen Behelfstheorie vollständig beschriebene Situation in der
korpuskularen Behelfstheorie so beschreiben: Sämtliche N im
System vorhandenen Teilchen befinden sich im n-ten Quantenzustand. In undulatorischer Sprechweise sagen wir: Die n-te Normalwelle des Kathodenfeldes ist N-fach angeregt.

Die Symmetrie ist damit hergestellt und die beiden Seiten der
Theorie unterscheiden sich in charakteristischer Weise nur dadurch, daß auf der korpuskularen Seite die Teilchen („Substanzquanten") bereits auf der klassischen Stufe vorkommen und die
charakteristischen Energiewerte („Energiequanten") erst durch
die Quantisierung entstehen, während auf der undulatorischen
Seite die charakteristischen Energiewerte schon der klassischen
Stufe angehören, und die Teilchen erst durch die Quantisierung
„entstehen".

	Korp.	Und.
Klassisch liegen vor:	Substanzquanten (Teilchen)	Energiequanten
Quantisierung ergibt:	Energiequanten (Charakteristische Energiewerte)	Substanzquanten

1. Vorlesung.

Jetzt ist auch die Erweiterung auf kompliziertere Zustände leicht anzugeben. Die Quantenbedingung muß dann lauten: Es kommen nur solche Zustände der Kathodensubstanz im Kasten vor, bei denen die Quadrate der Überlagerungskoeffizienten c_n^2 (44) ganzzahlig sind:

$$c_n^2 = N_n \quad n: 1, 2, \ldots ; \quad N_n = 0, 1, 2, \ldots \quad (55)$$

Die klassische Feldtheorie der Kathodensubstanz ist für den kräftefreien Fall, den wir bisher allein betrachtet haben, besonders einfach und durchsichtig, weil wir bei unserer Darstellung immer wieder zur Veranschaulichung auf den verwandten Parallelfall der Saite verweisen konnten. Diese Veranschaulichungsmöglichkeit wird z. T. verlorengehen, wenn wir nun die Bewegung von Kathodensubstanz in einem Gebiet nicht konstanten elektrischen Potentials untersuchen. Nachdem aber die korpuskulare und die undulatorische Seite des theoretischen Grundschemas einander zumindest qualitativ entsprechen, können wir durch Argumentation von der korpuskularen Seite her in Erfahrung bringen, wie unsere Wellentheorie für diesen allgemeineren Fall zu erweitern ist.

Wenn längs einer Geraden das elektrische Potential V in den Gebieten $-\infty < x < -a/2$ und $a/2 < x < \infty$ den Wert Null und im Mittelgebiet $-a/2 < x < a/2$ den Wert V_0 hat, ist die potentielle Energie U eines Elektrons (die man bekanntlich durch Multiplikation der Ladung $-e$ des Elektrons mit dem Potential V erhält) in den Außenbereichen gleich Null und im Mittelbereich gleich $-eV_0$. Im Mittelbereich möge sich ein Elektron mit dem Impuls p_i nach rechts hin bewegen. Je nachdem nun die kinetische Energie des Elektrons im Mittelbereich

$$T_i = \frac{p_i^2}{2m} \quad (56)$$

größer oder kleiner als die Höhe eV_0 der Potentialstufe bei $x = a/2$ ist, wird das Elektron klassisch korpuskular diese Potentialstufe erklimmen und sich dann, allerdings mit verringertem Impuls $p_a (< p_i)$ weiterhin nach rechts bewegen oder aber es wird, wenn seine kinetische Energie zur Überwindung der Potentialstufe nicht ausreicht, an dieser reflektiert, den Mittelbereich nach links hin durcheilen, um dann an der linken Stufe wieder reflektiert zu werden und insgesamt eine periodische Bewegung im Mittelbereich auszuführen (Abb. 14).

Wir betrachten zunächst den ersten Fall näher und stellen anhand der DE BROGLIEschen Beziehung fest, daß wegen $p_a < p_i$ die der Bewegung der Kathodensubstanz in den Außenbereichen zuzuordnende Wellenlänge $\lambda_a = h/p_a$ größer ist als die Wellenlänge $\lambda_i = h/p_i$ für den Mittelbereich. Einen entsprechenden Wellenvorgang können wir zwar auf einer homogenen Saite nicht mehr nachahmen, da aber die Fortpflanzungsgeschwindigkeit und damit bei konstanter Frequenz der Saitenwellen die Wellenlänge nach (34) von der Massendichte η der Saite abhängt, können wir wenigstens bei festgegebener Frequenz die diskutierte Erscheinung erzeugen, wenn wir eine Saite benutzen, die aus drei Stücken in der Weise zusammengesetzt ist, daß die Außenstücke eine kleinere Massendichte aufweisen, als das Mittelstück (Abb. 15).

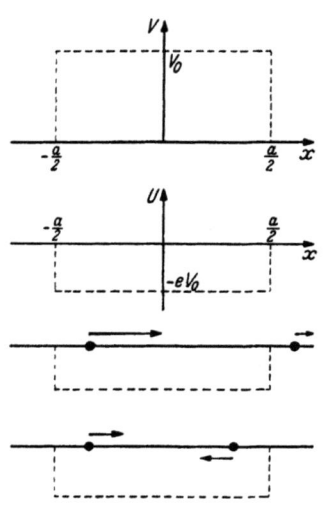

Abb. 14. Bewegungstypen im Fall des Potentialkastens mit endlicher Tiefe.

Wenn wir nun den Energieüberschuß $T_i - eV_0$, den das Elektron nach dem Erklimmen der Potentialstufe noch besitzt, immer kleiner werden lassen, so bedeutet das, da dabei $p_a \to 0$ geht, daß wir in dem Saitenbeispiel die Massendichte der Außenstücke der Saite immer kleiner machen müßten. Dem Fall $T_i - eV_0 = 0$ entspricht $\eta = 0$. Daraus schließen wir, daß wir dem zweiten (periodischen) Bewegungstyp des Elektrons, der für $T_i - eV_0 < 0$ eintritt, nur

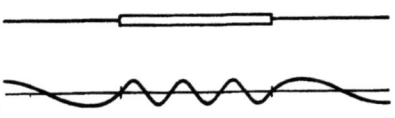

Abb. 15. Wellen auf der inhomogenen Saite.

dann ein analoges Saitenbeispiel gegenüberstellen könnten, wenn wir über Saitenstücke mit negativer Massendichte und damit imaginärer Fortpflanzungsgeschwindigkeit verfügten. Das ist natürlich nicht der Fall, aber in der mit der Saitentheorie ja schon im kräftefreien Fall nicht einfach identischen Feldtheorie der Kathodensubstanz hindert uns nichts, eine solche imaginäre Fortpflanzungsgeschwindigkeit zuzulassen. Der allgemeine Charakter unserer Theorie ändert sich dabei nicht. Das Überlagerungsprinzip und die Beziehung $E_n = h\nu_n$ bleiben weiterhin gültig. Eine Änderung tritt nur insofern ein, als die Amplitudenfunktion ψ in Gebieten, die Saitenstücken mit imaginärer Fortpflanzungsgeschwindigkeit entsprechen, monoton exponentiell verlaufen muß, während sie in „normalen Gebieten", in denen also eine reelle Fortpflanzungsgeschwindigkeit besteht, weiterhin periodisch verläuft (also dort eine eigentliche „Welle" darstellt).

Da bei der korpuskularen Diskussion als zweiter Bewegungstyp der der periodischen Bewegung aufgetreten war, vermuten wir, daß die erweiterte undulatorische Theorie für unseren Fall und allgemeiner für alle Fälle mit Potentialmulden auch stehende Wellen liefern wird, deren Amplitude ψ nur in einem endlichen Bereich, hier im Mittelbereich, wesentlich von Null verschieden ist. Das schließen wir daraus, daß ψ^2 ja die Substanzdichte bedeutet und diese bei den Bewegungen vom zweiten Typ im wesentlichen nur in dem Mittelbereich von Null verschieden sein darf, wenn nicht allzu große Diskrepanzen zwischen korpuskularer und undulatorischer Theorie bestehen sollen.

Daß jedoch das Auftreten stehender Wellen von dem beschriebenen Typ noch an eine Bedingung über die Muldentiefe gebunden ist, erkennen wir schon, wenn wir im korpuskularen Bild zur quantisierten Stufe fortschreiten. Der niedrigste Quantenzustand für die periodische Bewegung des Elektrons im Mittelbereich besitzt nach (12) die kinetische Energie $T = h^2/8ma^2$. Nur wenn eV_0 größer als dieser Wert ist, können wir korpuskular überhaupt eine periodische Bewegung haben. Der kritische Grenzfall ist also durch

$$\frac{h^2}{8ma^2} = eV_0 \quad \text{bzw.} \quad a^2 eV_0 = \frac{h^2}{8m} \tag{57}$$

beschrieben. V_0 muß mindestens so groß sein, wie aus dieser Beziehung zwischen Kastenbreite (a) und Kastentiefe (eV_0) folgt, damit periodische Bewegungen und damit stehende Wellen auftreten, deren ψ^2 wesentlich nur im Kastenbereich von Null verschieden ist.

Wenn diese Bedingung erfüllt ist, ergibt sich mit Hilfe der erweiterten Theorie für die erste Normalwelle eine Amplitudenfunktion, wie sie in Abb. 16 dargestellt ist. Diese Welle ähnelt damit sehr der ersten Normalwelle im Kasten der Länge a, wenn sie auch im Gegensatz zu dieser grundsätzlich, aber nur mit (s. oben) exponentiell abfallenden Amplitudenwerten, über den Mittelbereich hinausgreift. Wir können anhand dieser Feststellung, die im übrigen dem entspricht, was wir von der korpuskularen Diskussion her erwarten, nun die zugehörige charakteristische Energie abschätzen, wenn wir uns erinnern, daß für die verwandte erste Normalwelle im Kasten die charakteristische Energie, die bei diesem Beispiel rein kinetischer Natur war, gleich $h^2/8\,ma^2$ ist und daß wir, um zur charakteristischen Gesamtenergie zu kommen, dazu noch eine potentielle Energie pro Mengeneinheit von der Größenordnung $-eV_0$ zu addieren haben:

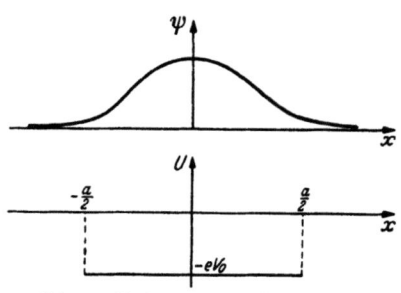

Abb. 16. Erste Normalwelle im Kasten endlicher Tiefe.

$$E \approx \frac{h^2}{8\,m\,a^2} - eV_0. \quad (58)$$

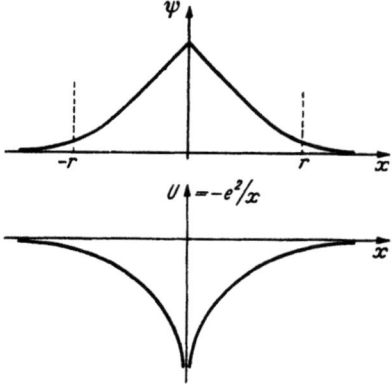

Abb. 17. „Eindimensionales Atom". (Die hier angegebene Amplitudenfunktion der ersten Normalwelle entspricht einem bei $x = 0$ geringfügig abgeänderten Potentialverlauf.)

Da wir Wellen von dem in Abb. 16 dargestellten Typ bei allen (hinreichend tiefen) Potentialmulden erwarten, können wir nun auch die Verhältnisse überblicken, die eintreten, wenn wir auf einer Geraden bei 0 einen (etwa einfach) positiv geladenen Atomkern anbringen und die Bewegung von Kathodensubstanz in dem von diesem Kern erzeugten Potentialfeld längs der Geraden untersuchen (Abb. 17). Die potentielle Energie pro Mengeneinheit der Kathodensubstanz ändert sich mit x in diesem Fall stetig. Wenn die Amplitude der ersten Normalwelle wesentlich nur in dem Gebiet

1. Vorlesung.

$-r < x < r$ von Null verschieden ist, schätzen wir die kinetische Energie pro Mengeneinheit wieder zu $h^2/32 m\, r^2$ ab. Die potentielle Energie der Kathodensubstanz (pro Mengeneinheit) gegen den Atomkern ist, wenn sie sich im wesentlichen in einem Gebiet der Länge $2r$ um den Kern herum aufhält, von der Größenordnung $-e^2/r$, so daß wir für die Gesamtenergie pro Mengeneinheit

$$E \approx \frac{h^2}{32 m r^2} - c\, \frac{e^2}{r} \tag{59}$$

bekommen, wobei c eine Zahl von der Größenordnung 1 ist. Diese Energie hat für

$$r_{min} = \frac{h^2}{16 c m e^2} = \frac{\pi^2}{4c}\, r_A \tag{60}$$

r_A: Radius der ersten Bohrschen Bahn.

ihren Minimalwert

$$E_{min} = -\frac{8 c^2 m e^4}{h^2} = -\frac{4 c^2}{\pi^2}\, E_A \tag{61}$$

$-E_A$: Energie des ersten Bohrschen Quantenzustandes.

Der Halbmesser r des Aufenthaltsbereichs der Kathodensubstanz ist also im Grundzustand von der Größenordnung des Bohrschen Wasserstoffradius, die Energie pro Mengeneinheit (in korpuskularer Sprechweise also pro Elektron) von der Größenordnung der Bohrschen Energie des Wasserstoffatoms.

Daß unsere Abschätzung zu diesen vernünftigen Resultaten geführt hat, ist eigentlich erstaunlich, weil wir immer noch an der eindimensionalen Bewegung der Kathodensubstanz festgehalten haben. Beim Übergang zum realen dreidimensionalen Fall hätte sich aber an unseren Beziehungen qualitativ nichts geändert, so daß wir feststellen dürfen, daß wir auch von der undulatorischen Seite des theoretischen Schemas aus Größe und Energieinhalt der Atome zumindest qualitativ richtig beschreiben können.

Wir müssen aber nun natürlich doch, wenn wir uns mit realen Atomen beschäftigen wollen, zum Dreidimensionalen übergehen. Dieser Übergang entspricht etwa dem Übergang von den Saitenschwingungen zu den akustischen Schwingungen einer Luftmenge, die in einem Hohlraum eingeschlossen ist. Bei der Saite war die Elongation Ψ eine Funktion der *einen* Koordinate x, bei den jetzt betrachteten Luftschwingungen ist die Abweichung des Luftdruckes von dem Normaldruck, die nun die Rolle der Elongation übernimmt, eine Funktion des Ortes innerhalb des Hohlraumes und damit also von *drei* Koordinaten abhängig. Daran, daß die Elongation einem Wellengesetz genügt, daß also insbesondere das Überlagerungsprinzip gilt, ändert sich aber gar nichts und wir können auch ebenso sinnvoll von stehenden Wellen in dem betrachteten Hohlraum, wie von stehenden Wellen auf der Saite sprechen. In der Abb. 18 haben wir z. B. für einen kugelförmigen Hohlraum die Amplitudenfunktion einiger stehender Wellen niedriger Ordnung schematisch dargestellt.

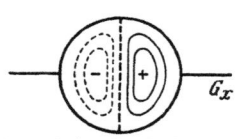

Abb. 19. Amplitudenfunktion der Normalwelle 2 px.

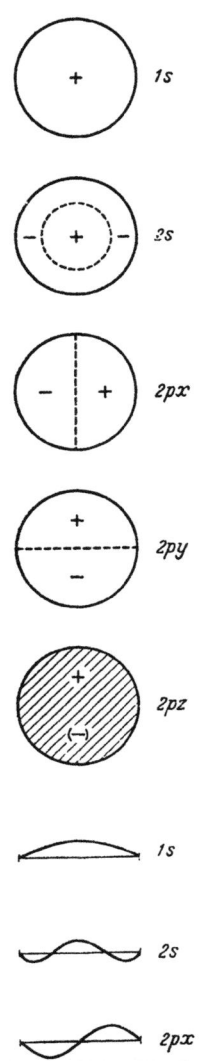

Abb. 18. Amplitudenfunktionen stehender akustischer Wellen in einem kugelförmigen Hohlraum.

An die Stelle der Knotenstellen bei den Saitenschwingungen treten im räumlichen Fall Knotenflächen, d. h. Flächen, auf denen die Elongation immer Null ist (die Umhüllung ist sowieso immer Knotenfläche und wird im folgenden nicht mitgezählt). Die Zeichen in den von den Knotenflächen umschlossenen Gebieten geben die Vorzeichen der Amplitudenfunktion in diesen Gebieten an. Die Amplitude ψ hängt z. B. bei den mit $1s$ und $2s$ bezeichneten Normalschwingungen nur von dem Abstand r des betreffenden Punktes vom Kugelmittelpunkt ab, und ψ als Funktion von r aufgetragen, ergibt für diese beiden Fälle die in der Abbildung unten angegebenen Kurven. Bei den drei Fällen $2p$ hängt ψ nicht *nur* von r ab. Wenn wir (etwa bei $2px$) eine durch den Kugelmittelpunkt gehende und auf der Knotenebene senkrechte Fläche denken, können wir auf dieser Fläche den Verlauf von ψ durch ein Schichtlinienbild darstellen. ψ ist hier axialsymmetrisch um die Gerade G_x (Abb. 19). Als

1. Vorlesung. 31

Ordnung der Normalwellen bezeichnen wir auch hier die Zahl der Knotenstellen, d. h. also hier der Knotenflächen. Während es aber bei der Saite zu jeder Ordnung nur eine eigentliche Normalwelle gab, gibt es bei unseren räumlichen Hohlraumwellen schon zur Ordnung 2 vier wesentlich verschiedene Normalwellen ($2s$, $2px$, $2py$, $2pz$), allgemein zur Ordnung n n^2 Wellen. Die zur gleichen Ordnung gehörigen Normalwellen unterscheiden sich durch verschiedene Form und Lage der Knotenflächen. Sie werden in den in Abb. 18 beigefügten Symbolen durch Buchstaben unterschieden. In Anbetracht der Symmetrie des umhüllenden Behälters ist sofort zu sehen, daß die drei Normalwellen $2px$, $2py$, $2pz$ einander völlig äquivalent sind, also auch gleiche Frequenzen haben müssen. Sie unterscheiden sich nur dadurch, daß die Symmetrieachsen ihrer Amplitudenfunktionen verschiedene Richtungen haben. Diese stehen aufeinander senkrecht, wie die drei Achsen eines rechtwinkligen cartesischen Koordinatensystems, weshalb wir sie auch mit $2px$, $2py$, $2pz$ bezeichnet haben. Da die drei $2p$-Wellen gleiche Frequenz haben und wir sie nach dem Superpositionsprinzip überlagern können, ist auch jede Welle, die durch Überlagerung der drei $2p$-Wellen hergestellt werden kann, eine Welle derselben Frequenz, wie jede der einzelnen $2p$-Wellen.

Wenn Normalwellen gleicher Frequenz auftreten, sprechen wir von Entartung, sagen also, die drei $2p$-Wellen seien miteinander entartet. Wenn diese Entartung wie hier durch die Symmetrie des schwingenden Gebildes bedingt ist, sprechen wir von Symmetrieentartung. Zufällige

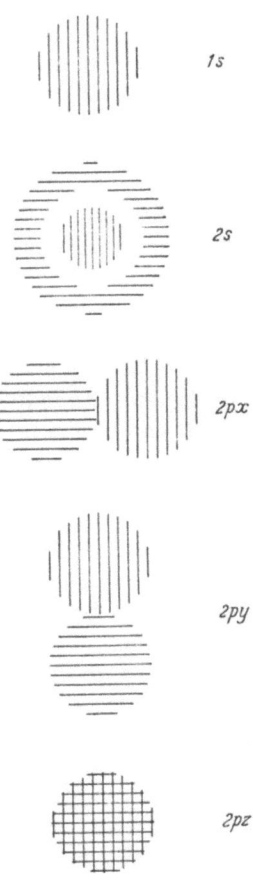

Abb. 20. Amplitudenfunktionen atomarer Normalwellen.

Die Zeichen bedeuten Gebiete, in denen die Funktionen positive bzw. negative Werte haben.

32   1. Vorlesung.

Entartung würden wir es nennen, wenn eine Normalwelle mit anderer Form der Knotenflächen, wie etwa $2s$, gleiche Frequenz wie die $2p$-Wellen hätte. Das ist bei unserem Beispiel nicht der Fall.

Wir haben nun bei der Behandlung des „eindimensionalen Atoms" gesehen, daß die stehende Welle, die dem Grundzustand entspricht, qualitativ der ersten Normalwelle in einem Kasten der Größenordnung r_0 bzw. der ersten Normalwelle der Saite ähnelt. Wir werden also erwarten, daß die Normalwellen der Kathodensubstanz in dem dreidimensionalen Potentialfeld um einen positiven Atomkern herum qualitativ den Normalwellen in dem besprochenen kugelförmigen Hohlraum ähneln, wobei sie allerdings grundsätzlich, wenn auch nicht sehr wesentlich über den durch den entsprechenden Kastenradius bestimmten Raum hinausgreifen. Diese Vermutung wird durch eine exakte Rechnung bestätigt.

Als Amplitudenfunktionen der Normalwellen des Kathodenfeldes ergeben sich die in Abb. 20 schematisch dargestellten Funktionen. Wir haben dort die Normalwellen mit den Symbolen der entsprechenden Hohlraumwellen bezeichnet. Über die den Normalwellen entsprechenden charakteristischen Energien erfahren wir über die Beziehung $E_n = h\nu_n$ aus der Knotenregel, daß im allgemeinen die Ordnungszahl, der auf der korpuskularen Seite die BOHRsche Hauptquantenzahl entspricht, die energetische Reihenfolge der Normalwellen bestimmt. Jedenfalls entspricht der Normalwelle $1s$ die kleinste charakteristische Energie. Wir sehen jetzt auch, daß den drei entarteten Normalwellen $2px$, $2py$, $2pz$ auch gleiche charakteristische Energien entsprechen, daß diese drei Normalwellen also auch energetisch entartet sind. Eine besondere Eigenschaft des COULOMBschen Kraftfeldes um einen Atomkern ist es, daß hier im Gegensatz zu dem ja nur qualitativ ähnlichen Hohlraumproblem die Normalwelle $2s$ dieselbe Frequenz und damit dieselbe charakteristische Energie aufweist wie die drei $2p$-Wellen. Bei den Normalwellen der Kathodensubstanz im Feld einer positiven Punktladung liegt also bei der Ordnung 2 (und entsprechend auch bei den höheren Ordnungen) zusätzlich eine „zufällige" Entartung vor. Bei der exakten Rechnung ergibt sich die charakteristische Energie in Abhängigkeit von n zu

$$E_n = -\frac{1}{n^2}\frac{2\pi^2 m e^4}{h^2}.$$ (62)

Die undulatorische Theorie liefert also (selbstverständlich auch hier wieder schon auf der klassischen, nicht quantisierten Stufe) die BOHRsche Beziehung, die wir korpuskular durch Quantisierung der klassischen Theorie erhalten hatten.

(Die Durchführung der exakten Rechnung, deren Ergebnisse wir hier zunächst plausibel gemacht und dann einfach angegeben haben, ist übrigens mathematisch nicht weniger kompliziert, aber auch nicht komplizierter als die Berechnung der akustischen Normalwellen des kugelförmigen Hohlraumes.)

Wir haben jetzt den Eindruck, daß wir nurmehr zu quantisieren, die verschiedenen Normalwellen also 0mal oder 1mal oder 2mal usw. anzuregen oder korpuskular gesprochen, 0, oder 1 oder 2 usw. Elektronen in die einzelnen Quantenzustände zu setzen und dann die charakteristischen Energiewerte entsprechend vielfach zu addieren hätten, um die Zustände höherer Atome und die jeweils zugehörige Gesamtenergie zu erhalten. Soweit sind wir jedoch noch nicht, da vorher noch eine Vereinfachung zurückzunehmen und eine wesentliche zusätzliche Gesetzmäßigkeit einzuführen ist.

Zunächst erinnern wir uns daran, daß allen unseren Überlegungen die Annahme zugrunde lag, daß die Dichte der Kathodensubstanz immer sehr klein sein sollte. Das ist nun bei höheren Atomen (also bei steigender Ordnungszahl), bei denen dann relativ viel Kathodensubstanz ein Raumgebiet mit einem Durchmesser von der Größenordnung $2r_A$ erfüllt, sicher immer weniger der Fall. Wir dürfen also neben dem elektrischen Feld des Atomkerns das vorgegeben ist, das von der Kathodensubstanz selbst erzeugte elektrische Feld nicht mehr vernachlässigen. Die beiden Felder überlagern sich und die Kathodensubstanz bewegt sich in der Summe von beiden.

Welche Änderungen mit der Berücksichtigung der Wechselwirkung der Kathodensubstanz mit sich selbst verknüpft sind, diskutieren wir am besten anhand eines höheren Atoms, das sich im Normalzustand befinden möge. Wenn wir uns aus dem Atom (korpuskular gesprochen) ein Elektron abgespalten denken, werden wir, da die übrigen $Z - 1$ Elektronen des Atoms mit der Ordnungszahl Z sich weiterhin in der unmittelbaren Umgebung des Kerns befinden, bei großer Entfernung des abgespaltenen Elektrons vom Restatom feststellen, daß zwischen beiden Kräfte wirken, die wir durch Annahme einer potentiellen Energie der Form $-e^2/r$

(Wechselwirkung der Elektronenladung $-e$ mit einer *einfach* positiven Punktladung) gut darstellen können. Wenn wir das Elektron aber dem Restatom weiter nähern und dieses in den Bereich eintritt, in dem sich die übrigen Elektronen wesentlich aufhalten, wird die Abschirmung der hohen Kernladung durch die restlichen Elektronen zunehmend verringert und die Wechselwirkungskräfte zwischen „Auf"-Elektron und Kern können dann nur mehr durch einen Ansatz für die potentielle Energie von der Form $-k\,e^2/r$ mit $1 < k < Z$ dargestellt werden, wobei k, wenn wir mit dem Aufelektron in unmittelbare Kernnähe gekommen sind, dem Wert Z zustrebt. Die „effektive potentielle Energie" U' des Aufelektrons gegen das Restatom wird etwa durch die gestrichelte Kurve der Abb. 21 dargestellt, während die ausgezogene Kurve die potentielle Energie zwischen dem Elektron und einem nackten Kern darstellen würde. Da die Elektronen untereinander nicht unterscheidbar sind, kann also die Wechselwirkung der Elektronen im Atom zumindest qualitativ dadurch erfaßt werden, daß man annimmt, daß jedes Elektron sich in einem Feld bewegt, das der Kurve U' entspricht. Auch bei diesem „effektiven" Feld handelt es sich um ein Zentralfeld, das qualitativ ebenso wie das bisher betrachtete rein COULOMBsche Feld um eine Punktladung herum als Potentialmulde bezeichnet werden kann.

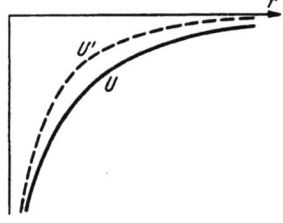

Abb. 21. Effektive potentielle Energie im Atom.

Da das effektive Feld einem rein COULOMBschen Feld jedenfalls qualitativ ähnlich ist, sind auch in diesem Feld die Normalwellen qualitativ durch die Bilder der Abb. 20 darstellbar. Es treten lediglich quantitative Veränderungen ein, von denen die wichtigste die ist, daß im effektiven Atomfeld die charakteristische Energie der Normalwelle $2s$ im allgemeinen etwas tiefer liegt, als die der Normalwellen $2p$. Die zufällige Entartung zwischen $2s$ einerseits und $2px$, $2py$, $2pz$ andererseits liegt also bei höheren Atomen nicht mehr vor. Bei Atomen mit relativ niedriger Ordnungszahl, wie etwa dem Kohlenstoffatom, kann man aber immer noch von einer Fastentartung zwischen $2s$ und den drei $2p$-Normalwellen sprechen. Das Wegfallen der zufälligen Entartungen hat zur Folge, daß das System der charakteristischen Energiewerte, das dem Termsystem für die Einzelelektronen entspricht, qualitativ die in Abb. 22 dargestellte Form hat. Da hier Normalwellen gleicher Ordnung nicht grundsätzlich gleiche charakteristische Energien besitzen, kommen Ausnahmen von der Knotenregel zustande, so daß z. B. der zum Wellentyp $3d$ gehörende Energiewert höher liegen kann als der zu $4s$ gehörende.

Wenn wir nun den Grundzustand, d. h. den energieärmsten Zustand, für ein Atom mit der Ordnungszahl Z herstellen wollten, hätten wir das offenbar so zu machen, daß wir die Normalwelle $1s$ Z-fach anregten (Z Elektronen in den Zustand $1s$ versetzten). Dann würden sich die Atome der Grundstoffe nur durch die Zahl der Elektronen im $1s$-Zustand unterscheiden und wir hätten zu erwarten, daß alle Eigenschaften der Grundstoffe, insbesondere also auch die chemischen, sich monoton mit der Ordnungszahl Z änderten.

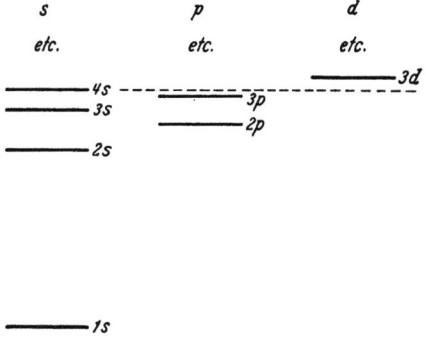

Abb. 22. Charakteristische Energien der atomaren Normalwellen.

Die Existenz eines *periodischen* Systems der Elemente zeigt, daß dieser Schluß sicher nicht richtig ist, daß also unsere Theorie noch nicht vollständig sein kann.

Das liegt nun nicht daran, daß wir bei der Stufe einer quantisierten klassischen Theorie stehengeblieben und nicht bis zur vollständigen Quantentheorie vorgestoßen sind. Auch das Thema der vollständigen Quantentheorie ist nur die Erfassung der korpuskularundulatorischen Doppelgesichtigkeit physikalischer Substanzen. Diese Theorie dringt zwar sehr viel tiefer ein, als wir das tun wollten und im Zusammenhang mit unserem Ziel nur zu tun brauchten, aber auch sie liefert keine Erklärung für das also offenbar außerhalb der Quantenphysik entspringende Prinzip, das wir nun noch einführen müssen, um auf unserer Stufe die Wirklichkeit (qualitativ) beschreiben zu können. Es ist nach seinem Entdecker als Pauliprinzip benannt worden und lautet in einer Formulierung, die zwar recht oberflächlich, aber für unsere Zwecke ausreichend ist: Es kommen nur solche Zustände von Mehrelektronensystemen wirklich vor, bei denen jede Normalwelle höchstens zweifach angeregt (korpuskular: jeder Einelektronenquantenzustand höchstens mit zwei Elektronen besetzt) ist. Diese Feststellung können wir noch dadurch ergänzen, daß die Zweifachbesetzung nur dann eintreten kann, wenn die sog. Spinmomente der beiden Elektronen antiparallel stehen. Wir haben bisher von der Eigenschaft der Kathodensubstanz, die man mit dem Wort Spin bezeichnet, noch gar nicht gesprochen. In korpuskularer Sprechweise können wir sie nun so beschreiben, daß wir dem Elektron, das wir bisher lediglich als einen mit elektrischer Ladung behafteten Massenpunkt angesehen hatten, ein magnetisches Moment erteilen, so daß es also auch noch ein kleines Magnetchen darstellt. Dieses Moment ist so geringfügig, daß die magnetischen Wechselwirkungen der Elektronen neben den elektrischen kaum ins Gewicht fallen, so daß wir sie für unsere qualitativen Untersuchungen völlig vernachlässigen können.

Abb. 23. Relative Orientierung der Spinmomente.

Für uns ist lediglich die Tatsache wichtig, daß die Momente zweier Elektronen, die wir in der Abb. 23 als Pfeile dargestellt haben, sich entweder parallel oder antiparallel zueinander orientieren können. Diese sehr seltsame Tatsache *folgt* übrigens in der vollständigen Quantentheorie aus der Tatsache, *daß* das Elektron einen Spin besitzt. Wir können sie hier hinnehmen, weil die Erscheinung der chemischen Bindung selbst mit dem Spin überhaupt nicht, eine Eigenschaft dieser Bindung mit dem Spin nur indirekt, unmittelbar dagegen mit dem Pauliprinzip zusammenhängt, bei dessen Formulierung wir den Begriff Spin gar nicht zu bemühen brauchten.

Unter Berücksichtigung des Pauliprinzips können wir nun anhand des Schemas der Abb. 22 das periodische System verstehen. Um den Grundzustand des Wasserstoffatoms zu erhalten, müssen wir die Normalwelle 1 *s* einfach anregen. Doppelte Anregung von 1 *s* entspricht dem Grundzustand des Heliumatoms. Da die Welle 1 *s* nach dem Pauliprinzip höchstens zweimal angeregt werden darf, müssen wir zur Erzeugung des Grundzustandes des Lithiums 1 *s* zweifach und dann die energetisch nächst höhere Normalwelle 2 *s* einfach anregen. Das beim Übergang von He zu Li hinzugekommene

Elektron nimmt eine Sonderstellung ein. Eine quantitative Untersuchung zeigt, daß die Energie, die nötig ist, um dieses Elektron aus dem Atom abzuspalten, besonders klein ist. Damit ist die Theorie in Übereinstimmung mit den experimentellen Daten über Ionisierungsarbeiten, die wir in Abb. 24 für Li und für eine Reihe anderer Atome dargestellt haben. Bei Be ist $2s$ zweifach anzuregen, in der Reihe von B bis Ne werden die $2p$-Zustände insgesamt schließlich je zweimal besetzt. Bei Na tritt eine Situation ein, die der bei Li analog ist, weil nun wieder ein s-Zustand, und zwar diesmal $3s$ mit dem neu hinzukommenden Elektron besetzt werden muß.

Würden, wie beim reinen Coulombfeld, die charakteristischen Energien nur von der Ordnung n abhängen, so müßte, da zur Ordnung n n^2 Normalwellen existieren, in der Reihe der Elemente jeweils nach $2n^2$ Schritten wieder ein Alkalimetall auftreten. Das ist in Wirklichkeit nicht der Fall, da ja bekanntlich im periodischen System zwischen Li und Ne zwar eine Achterperiode, zwischen Na und K aber wieder eine solche und keine Achtzehnerperiode

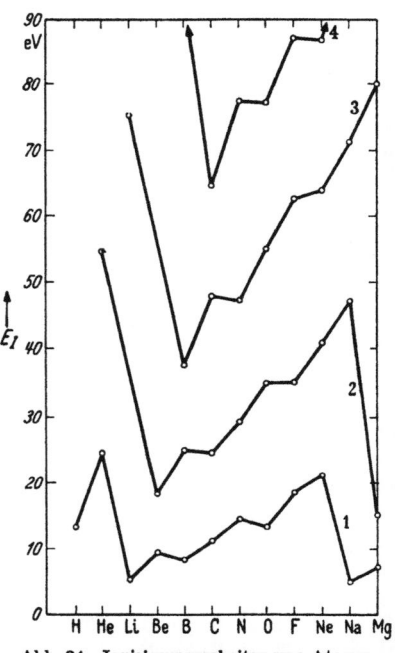

Abb. 24. Ionisierungsarbeiten von Atomen, einfach positiven Ionen usw.

liegt. Diese Störungen der strengen Gesetzmäßigkeit des Systems der Elemente können wir aber verstehen, wenn wir die Aufhebung der zufälligen Entartungen beim Übergang vom reinen Coulombfeld zum tatsächlichen effektiven Feld in den Atomen verstanden haben. Wenn nämlich die Zustände $3s$ und $3p$ mit insgesamt acht Elektronen „aufgefüllt" sind, ist tatsächlich der nächst höhere Zustand nach Abb. 22 wieder ein s-Zustand, und zwar $4s$. Erst wenn $4s$ doppelt besetzt ist, beginnt die Auffüllung der fünf $3d$-Zustände mit insgesamt zehn Elektronen in der Reihe der

Tabelle 1. Elektronenkatalog.

(Die bisher durch s, p, d usw. charakterisierten Normalwellen werden in dieser Tabelle durch die Werte 0, 1, 2 usw. der „Nebenquantenzahl" l unterschieden.

Z	n l	K 1 0	L 2 0	 1	M 3 0	 1	 2	N 4 0	 1	 2	 3	O 5 0	 1	 2	 3	P 6 0	 1	 2
1	H	1																
2	He	2																
3	Li	2	1															
4	Be	2	2															
5	B	2	2	1														
6—9	C—F	2	2	2—5														
10	Ne	2	2	6														
11	Na	2	2	6	1													
12	Mg	2	2	6	2													
13	Al	2	2	6	2	1												
14—17	Si—Cl	2	2	6	2	2—5												
18	A	2	2	6	2	6												
19	K	2	2	6	2	6		1										
20	Ca	2	2	6	2	6		2										
21	Sc	2	2	6	2	6	1	2										
22—23	Ti—V	2	2	6	2	6	2—3	2										
24	Cr	2	2	6	2	6	5	1										
25—28	Mn—Ni	2	2	6	2	6	5—8	2										
29	Cu	2	2	6	2	6	10	1										
30	Zn	2	2	6	2	6	10	2										
31—36	Ga—Kr	2	2	6	2	6	10	2	1—6									
37—38	Rb—Sr	2	2	6	2	6	10	2	6			1—2						
39—40	Y—Zr	2	2	6	2	6	10	2	6	1—2		2						
41—42	Nb—Mo	2	2	6	2	6	10	2	6	4—5		1						
43	Tc	2	2	6	2	6	10	2	6	5		2						
44—45	Ru—Rh	2	2	6	2	6	10	2	6	7—8		1						
46	Pd	2	2	6	2	6	10	2	6	10								
47—48	Ag—Cd	2	2	6	2	6	10	2	6	10		1—2						
49—54	In—Xe	2	2	6	2	6	10	2	6	10		2	1—6					
55—56	Cs—Ba	2	2	6	2	6	10	2	6	10		2	6			1—2		
57	La	2	2	6	2	6	10	2	6	10		2	6	1		2		
58—71	Ce—Cp	2	2	6	2	6	10	2	6	10	1—14	2	6	1		2		
72—77	Hf—Ir	2	2	6	2	6	10	2	6	10	14	2	6	2—7		2		
78	Pt	2	2	6	2	6	10	2	6	10	14	2	6	9		1		
79—80	Au—Hg	2	2	6	2	6	10	2	6	10	14	2	6	10		1—2		
81—86	Tl—Rn	2	2	6	2	6	10	2	6	10	14	2	6	10		2	1—6	
87—88	Fr—Ra	2	2	6	2	6	10	2	6	10	14	2	6	10		2	6	
89	Ac	2	2	6	2	6	10	2	6	10	14	2	6	10		2	6	1
90—98	Th—Cf	2	2	6	2	6	10	2	6	10	14	2	6	10	1—9	2	6	1

2. Vorlesung.

Übergangsmetalle oder „Zwischenschalenelemente" Sc bis Zn. Sowohl die Gesetzmäßigkeit als auch die Störungen der *strengen* Gesetzmäßigkeit, die wir beim natürlichen System der Elemente tatsächlich beobachten, können wir jetzt schon verstehen. In der Tab. 1 auf Seite 38 ist der Elektronenkatalog der Elemente im Auszug angegeben.

Bei der Besetzung der Atomzustände mit Elektronen gilt die HUNDsche Regel, daß immer dann, wenn, wie etwa beim Stickstoffatom (Abb. 25) die obersten gerade noch besetzten Zustände nicht voll besetzt sind, die Elektronen sich so verteilen, daß sie nach Möglichkeit ihre Spins parallel stellen. Die HUNDsche Regel ist vor allem für das theoretische Verständnis der magnetischen Eigenschaften von Atomen und Ionen wichtig.

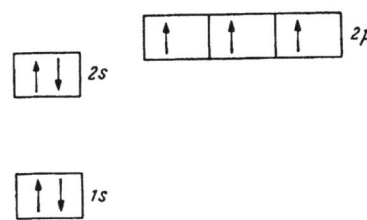

Abb. 25. Elektronenkonfiguration des Stickstoffatoms.

2.

Der Chemiker hält gewöhnlich das Wasserstoffmolekül H_2 für das einfachste Gebilde, bei dem chemische Bindung vorliegt. Tatsächlich gibt es aber noch ein einfacheres System, an dem man das Bindungsproblem studieren kann, und zwar das Wasserstoffmolekül-Ion H_2^+. Das H_2^+ entsteht als kurzlebiger Körper beim Betrieb von Entladungsröhren, die mit Wasserstoff gefüllt sind, und seine Eigenschaften können deshalb nur spektroskopisch untersucht werden. Wir wollen unsere Diskussion der chemischen Bindung am H_2^+ beginnen, das aus zwei Wasserstoffkernen und (korpuskular gesprochen) einem Elektron besteht.

Die Energie der verschiedenen Zustände eines zweiatomigen Moleküls, insbesondere also auch die seines Grundzustandes ist natürlich — und insofern unterscheiden sich die Termsysteme der Moleküle von denen der Atome — eine Funktion des Kernabstandes R, da bei verschiedenen Kernabständen die Bewegung der Kathodensubstanz in verschiedener Weise erfolgt und auch die natürlich zu berücksichtigende (positive) Wechselwirkungsenergie der Kerne bei verschiedenem R verschiedene Beiträge zur Gesamtenergie liefert. (Im Fall des H_2^+ und auch des H_2 ist die Wechselwirkungsenergie der Kerne e^2/R.) Wenn bei einem aus zwei Atomen bestehenden System die Energie E des Grundzustandes als Funktion von R aufgetragen (Abb. 26) ein Minimum aufweist und dieses Minimum tiefer liegt als der Funktionswert bei $R \to \infty$, nennen wir

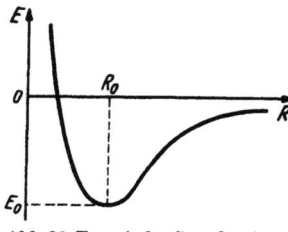

Abb. 26. Energie des Grundzustandes eines zweiatomigen Moleküls als Funktion des Kernabstandes.

das betreffende zweiatomige System ein molekulares Gebilde, weil man die Energie $-E_0$ aufzuwenden hat, um (durch Auseinanderziehen der Atomkerne) das Gebilde in zwei Atome oder Ionen zu zerlegen. $-E_0$ nennen wir die Bindungsenergie, R_0 den Bindungsabstand. Am Beispiel des kurzlebigen H_2^+, das in unserem Sinn ein molekulares Gebilde ist, erkennt man, daß ein molekulares Gebilde durchaus nicht im Sinn des Chemikers ein „stabiles Molekül" sein muß. Es fällt nur nicht von selbst in seine Teile auseinander, kann aber natürlich unter Umständen mit seinesgleichen oder anderen Partnern heftig reagieren.

Die höheren Quantenzustände eines zweiatomigen Gebildes können als Funktionen von R ebenfalls Minima — dann aber in der Regel bei anderen R-Werten — aufweisen, sie können aber auch monoton verlaufen.

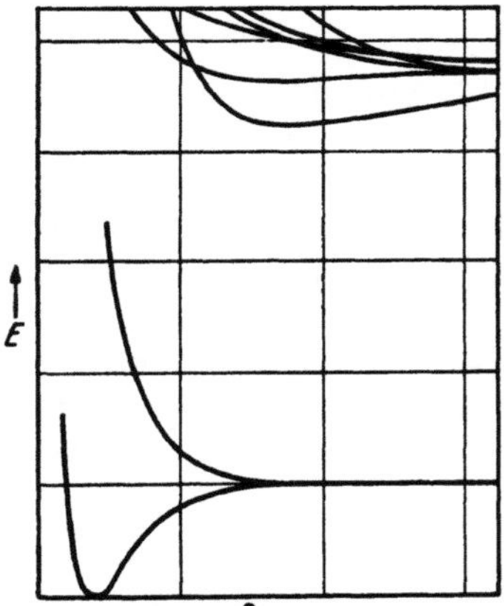

Das empirische Termsystem des H_2^+ (Abb. 27) zeigt, daß H_2^+ ein molekulares Gebilde ist und wir wollen nun verstehen, wie das Minimum der Energiekurve des Grundzustandes, wie also die *chemische Bindung* im H_2^+ zustande kommt.

Abb. 27. Empirisches Termsystem des Wasserstoffmolekül-Ions H_2^+.

Um die Argumentationen möglichst durchsichtig halten zu können, orientieren wir uns zunächst wieder an einem eindimensionalen Fall, wir betrachten also die Bewegung von Kathodensubstanz auf einer Geraden, auf der wir im Abstand R voneinander zwei Wasserstoffkerne angebracht haben. R sei zunächst groß gegen den „Wasserstoffradius" r_A. Dann überdecken sich die Potentialmulden um die beiden Kerne herum kaum und der Verlauf der potentiellen Energie U eines Elektrons längs der Geraden kann etwa durch die Kurve der Abb. 28 dargestellt werden. Da wir wissen, daß stehende Kathodenwellen niedriger Ordnung in Potentialmulden zwar grundsätzlich über den Muldenbereich hinausgreifen, dort ihre Amplituden aber sehr rasch abfallen, wird die Feldgröße bei Normalwellen niedriger Ordnung für großes R etwa in der Mitte zwischen den beiden Kernen zwar grundsätzlich endlich, aber praktisch gleich Null sein und eine Amplitudenfunktion aufweisen, die sich aus den Amplituden stehender Wellen in den isolierten einzelnen Mulden additiv zusammensetzen

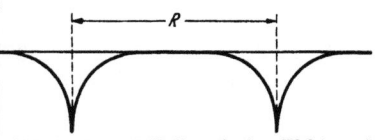

Abb. 28. Potentielle Energie eines Elektrons im „eindimensionalen Wasserstoffmolekül-Ion" (R groß).

Abb. 29. Amplitudenfunktion einer Normalwelle im „eindimensionalen H_2^+" (R groß).

läßt. Wir haben in der Abb. 29 die Amplituden einer stehenden Welle gezeichnet, die sich additiv aus den Normalwellen erster Ordnung in den einzelnen Mulden zusammensetzt. Wenn

$$\Psi_l = \psi_l(x) [\cos\omega t + i \sin\omega t] \quad (63)$$

und

$$\Psi_r = \psi_r(x) [\cos\omega t + i \sin\omega t] \quad (64)$$

diese Normalwellen sind (ω ist für Ψ_l und Ψ_r gleich), so lautet der Ausdruck für die stehende Welle, deren Amplitudenfunktion in Abb. 29 dargestellt ist,

$$\Psi'_s = \Psi_l + \Psi_r = [\psi_l + \psi_r] [\cos\omega t + i \sin\omega t]. \quad (65)$$

Damit diese stehende Welle auch eine eigentliche Normalwelle wird, müssen wir ihre Amplitude $[\psi_l + \psi_r]$ mit einem solchen Zahlenfaktor c versehen, daß die Fläche unter der Kurve $c^2[\psi_l + \psi_r]^2$ gleich eins wird. Wir wollen nun die Normalwelle $\Psi_s = c\,\Psi'_s$ etwas näher untersuchen und bilden dazu die Dichtefunktion (das Quadrat der Amplitude)

$$c^2[\psi_l + \psi_r]^2 = c^2[\psi_l^2 + 2\,\psi_l\,\psi_r + \psi_r^2]. \quad (66)$$

Da bei großem R ψ_l (bzw. ψ_r) überall dort, wo ψ_r (bzw. ψ_l) wesentliche Werte besitzt, praktisch gleich Null ist, verschwindet das Produkt der beiden Funktionen $\psi_l\,\psi_r$ praktisch an allen Stellen x, so daß sich die Dichtefunktion dann auf

$$\approx c^2[\psi_l^2 + \psi_r^2] \qquad (67)$$

reduziert. Da die Flächen unter den Kurven ψ_l^2 und ψ_r^2 einzeln gleich eins sind, sehen wir jetzt auch, daß wir den Faktor $c^2 = 1/2$, c also gleich $1/\sqrt{2}$ setzen müssen, wenn Ψ_s eine eigentliche Normalwelle darstellen soll.

Da in der Dichtefunktion (67) die beiden Summanden ψ_l^2 und ψ_r^2 mit gleichen Koeffizienten (nämlich $1/2$) behaftet sind, beschreibt unsere Normalwelle Ψ_s einen Zustand, bei dem die Kathodensubstanzdichte in der Umgebung des linken Kernes ebenso verläuft, wie in der Umgebung des rechten. Daß es bei H_2^+ einen solchen Zustand geben kann, ist plausibel, wir werden aber bald ein Argument dafür kennen lernen, daß es einen solchen Zustand auch geben *muß*.

Die Normalwelle Ψ_s ist nun aber nicht die einzige, die bei großem R zu der Dichtefunktion (67) führt. Es gibt noch eine zweite Funktion, die das leistet, und zwar

$$\Psi_a = c\,\Psi_a' = c[\psi_l - \psi_r]\,[\cos\omega t + i\sin\omega t]. \qquad (68)$$

Hier ist die Dichtefunktion

$$c^2[\psi_l - \psi_r]^2 = c^2[\psi_l^2 - 2\,\psi_l\,\psi_r + \psi_r^2] \approx c^2[\psi_l^2 + \psi_r^2]. \qquad (69)$$

Wir können also aus den Normalwellen Ψ_l und Ψ_r der isolierten Mulden zwei Normalwellen bilden, die beide Gleichverteilung der Kathodensubstanz auf die Potentialmulden bedeuten. Wir nennen sie die symmetrische und die antimetrische Normalwelle.

Ihre Amplitudenfunktionen sind in Abb. 30 nebeneinander gestellt. Beide Normalwellen haben dieselbe Frequenz und damit dieselbe charakteristische Energie. Die Frequenz der Normalwellen Ψ_s und Ψ_a ist gleich der Frequenz einer Normalwelle in einer isolierten Mulde und daraus ergibt sich, daß für die beiden

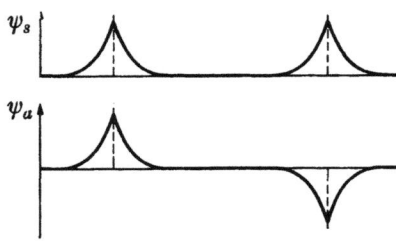

Abb. 30. Die Amplitudenfunktionen zweier Normalwellen im „eindimensionalen H_2^+" (R groß).

diskutierten miteinander entarteten Zustände der Energieinhalt des H_2^+ bei großem R derselbe ist, wie der eines „eindimensionalen Wasserstoffatoms".

Ψ_s und Ψ_a sind durch Überlagerung von Ψ_l und Ψ_r mit gleichen bzw. entgegengesetzt gleichen Koeffizienten entstanden. Da Ψ_l und Ψ_r zur gleichen Energie gehören, also entartet sind, sind diese speziellen Überlagerungen zu Ψ_s und Ψ_a zunächst durch nichts vor beliebigen anderen Überlagerungen mit willkürlichen Koeffizientenverhältnissen ausgezeichnet. Das ist aber nur dann so, wenn R tatsächlich unendlich groß ist. In Wirklichkeit kann man diesen Fall nun zwar beliebig genau annähern, aber ihn nie völlig genau herstellen. Was das für Konsequenzen hinsichtlich der möglichen Normalwellen auch bei großem R hat, zeigen wir in folgender Weise:

Die beiden Teilmulden mit dem in ihnen schwingenden Kathodenfeld können wir als zwei schwingungsfähige Systeme gleicher Frequenz ansehen, die miteinander bei großem R nur ganz schwach gekoppelt sind. Damit gewinnen wir, da es bei unseren Überlegungen tatsächlich nur auf die ganz allgemeinen wellentheoretischen Züge ankommt, die Möglichkeit, unser System auf ein noch einfacheres abzubilden, dessen Eigenschaften uns aus der elementaren Physik bekannt sind. Wir betrachten nämlich nun anstelle des aus den beiden Kernen und der Kathodensubstanz bestehenden Systems ein solches, das aus zwei schwach gekoppelten gleichen Pendeln und ihrer „Schwingung" besteht, wobei die letztere das Analogon des „Kathodenfeldes" darstellt. Die Pendel mögen sich um eine gemeinsame Achse bewegen und durch eine variierbare Vorrichtung gekoppelt . sein. Die Koppelungsvorrichtung müßte, wenn das Modell auch quantitativ getreu sein sollte, natürlich ganz bestimmte Eigenschaften haben. In den folgenden Schwingungsbildern geben wir immer die Ansicht der Pendelanordnung an, die sie von oben betrachtet bietet.

Wenn die Koppelung der Pendel exakt gleich Null ist, können wir eine beliebige Anzahl von stehenden Schwingungen des Gesamtsystems (bei denen also immer beide Pendel gleichzeitig durch die Null-Lage gehen) erzeugen, indem wir z. B. die Pendel in *irgendwelchen* Anfangslagen gleichzeitig loslassen (s. Abb. 31). Sowie aber eine endliche, wenn auch beliebig kleine Koppelung der Pendel eintritt, gibt es nur mehr zwei Arten von stehenden Schwingungen des Gesamtsystems, nämlich diejenigen, die dadurch entstehen, daß man die Pendel von den in Abb. 32 gezeichneten Stellungen aus, bei denen also jeweils der Amplitudenbetrag bei beiden Pendeln gleich ist, losläßt. Sowie man die Beträge der Anfangselongationen bei den beiden Teilpendeln verschieden macht, gehen sie nicht mehr gleichzeitig durch die Null-Lage, es treten keine stehenden Schwingungen mehr auf und es tritt die bekannte Erscheinung ein, daß im Laufe der Zeit die Amplitudenbeträge der Schwingungen der beiden Teilpendel sich periodisch, und zwar gegenläufig für beide Teilpendel, ändern. Wir sehen nun leicht, daß die beiden stehenden Schwingungen im System der schwach gekoppelten Pendel des symmetrischen und der antimetrischen Normalwelle des „eindimensionalen H_2^+-Ions" bei großem R entsprechen. Die Tatsache, daß die Amplitudenbeträge für die Fälle der Abb. 32 jeweils gleich sind, zeigt uns nun auch, daß wir die Beträge der Koeffizienten, mit denen wir im Parallelfall des Kathodenfeldes beim „eindimensionalen H_2^+" aus Ψ_l und Ψ_r zunächst für den Fall großer R Normalwellen des Gesamtsystems aufgebaut haben und die den Amplitudenbeträgen der Pendelschwingungen entsprechen, gleich wählen *mußten*, wenn wir *stehende* Wellen erhalten wollten. Von den vielen denkbaren Kombinationen von Ψ_l und Ψ_r von der Form

$$\Psi' = c_l\,\Psi_l + c_r\,\Psi_r \qquad (70)$$

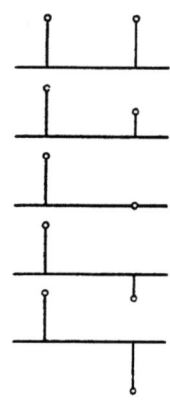

Abb. 31. Ausgangslagen für stehende Schwingungen in einem System ungekoppelter Pendel.

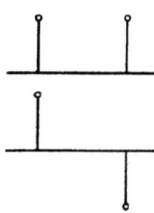

Abb. 32. Ausganglagen für stehende Schwingungen in einem System gekoppelter Pendel.

kommen also tatsächlich bis auf einen gemeinsamen Faktor nur die symmetrische ($c_l = c_r = 1$) und die antimetrische ($c_l = 1$, $c_r = -1$) in Frage. Die Tatsache, daß im H_2^+ die Kathodensubstanz *gleichmäßig* über die beiden Mulden verteilt ist, *folgt* also jetzt aus der Forderung, daß Normalwellen *stehende* Wellen sein müssen.

Wir sind jetzt genügend vorbereitet, um die Frage behandeln zu können, was mit dem bei großem R zweifach entarteten Grund-

2. Vorlesung. 45

zustand des H_2^+ (zu dem also die zwei Normalwellen Ψ_s und Ψ_a gehören) geschieht, wenn wir den Abstand R der Kerne verkleinern. Dieser Veränderung entspricht bei dem Pendelsystem eine Verstärkung der Koppelung.

Aus Versuchen mit wesentlich gekoppelten gleichen Pendeln wissen wir, daß bei Verstärkung der Koppelung im Gesamtsystem *weiterhin* eine stehende symmetrische und eine stehende antimetrische Schwingung möglich ist, daß aber die Frequenzen dieser Schwingungen nun verschieden werden, und zwar so, daß jedenfalls bei noch nicht zu intensiver Koppelung die Frequenz v_s der symmetrischen Schwingung kleiner und die Frequenz v_a der antimetrischen Schwingung größer wird als die gemeinsame Frequenz $v_0 \left(= \dfrac{\omega}{2\pi} \right)$ der beiden stehenden Schwingungen bei verschwindender Koppelung.

Da die „Verstimmung bei Koppelung" ein ganz allgemeiner Zug aller Wellentheorien ist, können wir schließen, daß auch im Fall des H_2^+-Modells bei kleinerem R weiterhin eine symmetrische und eine antimetrische Normalwelle des Kathodenfeldes existiert, deren zugehörige Frequenzen sich jetzt so unterscheiden, wie es in der Abb. 33 angegeben ist. Wegen $E_n = h v_n$ hat das zur Folge, daß bei kleinerem R die zur symmetrischen Normalwelle gehörende charakteristische Energie (korpuskular gesprochen, die Energie des tiefsten Quantenzustandes)

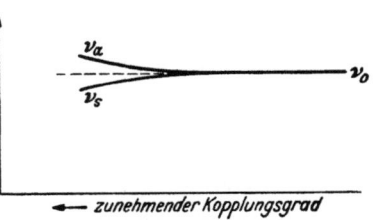

Abb. 33. Verstimmung eines Systems aus zwei gleichen Pendeln bei Koppelung.

niedriger liegt, als bei großem R. Das bedeutet aber nichts anderes, als daß gegen eine „Bindungskraft" Arbeit aufzuwenden ist, wenn man in dem H_2^+-Modell, in dem die symmetrische Normalschwingung etwa einfach angeregt ist (oder in dem, korpuskular gesprochen, das Elektron den ersten Quantenzustand besetzt) die Entfernung R der Kerne vergrößern will, weil man dabei nämlich den Energieinhalt des Systems zu vergrößern hat.

Die Erscheinung der chemischen Bindung hat sich damit als eine ganz einfache Folge der Tatsachen ergeben, daß man 1. das Verhalten von Kathodensubstanz von einer Wellentheorie ausgehend beschreiben kann, und daß 2. in allen Wellentheorien die Erscheinung ,,Verstimmung durch Koppelung" eintritt. Da die Quantisierung lediglich die Teilchenzahl regelt, entspringt die gegebene Erklärung für das Eintreten chemischer Bindung zutiefst aus dem klassisch undulatorischen Teil unserer Theorie. Man kann also feststellen, daß auf der undulatorischen Seite unseres Schemas chemische Bindung grundsätzlich schon ein klassisch verständlicher Effekt ist. Tatsächlich tritt das Absinken der Energie mit abnehmendem R beim symmetrischen Zustand ja schon ein, wenn der Anregungsgrad dieses Zustandes beliebig (also nicht notwendig ganzzahlig) ist, wenn er nur konstant bleibt, was der schon in der klassischen Theorie zu fordernden Erhaltung der Kathodensubstanz entspricht.

Es ist gerade für den Chemiker wichtig, diese Zusammenhänge klar zu erfassen, insbesondere also deutlich zu sehen, daß zum physikalischen Verständnis der chemischen Bindung nicht komplizierte Rechnungen mit komplizierten theoretischen Ansätzen notwendig sind, sondern daß die Kenntnis der Tatsache, daß man grundsätzlich eine Theorie der Kathodensubstanz bei einer klassischen Wellentheorie beginnen kann und die Kenntnis des Phänomens der ,,Verstimmung durch Koppelung" für das Verständnis voll und ganz ausreichen.

Nachdem wir nun den Verlauf der Energie des Grundzustandes des H_2^+ für größere R kennen, wollen wir überlegen, wie der Verlauf bei sehr kleinen R-Werten sein muß. Wir denken uns von der Energie des Grundzustandes des H_2^+-Modells die potentielle Energie der Kerne gegeneinander abgezogen und die Kerne einander zunehmend genähert. Dabei kommen wir, wenn die Kerne schließlich zusammenfallen, natürlich zum Grundzustand des He^+-Ions. Da der Energieinhalt *dieses* Systems sicher endlich ist, wir aber durch nun wieder ausgeführte Addition der Kernwechselwirkungsenergie e^2/R die Energie des H_2^+ erhalten müssen, sehen wir ein, daß wegen des Unendlichwerdens dieses Summanden mit $R \to 0$ die Energie des Grundzustandes des H_2^+ mit $R \to 0$ gegen ∞ gehen muß. Wir bekommen so für die Termkurve s das Bild der Abb. 34. Zwischen den zwei diskutierten Kurvenzweigen muß ein Minimum liegen, dessen Lage den Bindungsabstand und die Bindungsenergie quantitativ bestimmt. Da auch für den durch einfache Anregung der antimetrischen Normalwelle beschriebenen Zustand aus den angegebenen Gründen die Energie des Systems mit $R \to 0$ gegen ∞ gehen muß, ergibt sich für diesen Zustand etwa die Termkurve a. Ein Wasserstoffmolekül-Ion, das sich in diesem höheren Zustand befindet, ist kein molekulares Gebilde mehr. Sich selbst überlassen zerfällt es, da sein Energieinhalt bei Vergrößerung von R monoton abnimmt und sich in kinetische Energie der auseinanderfliegenden Molekülteile verwandelt.

Die Amplitudenfunktion der symmetrischen und der antimetrischen Normalwelle werden sich bei kleinerem R natürlich nicht mehr einfach additiv bzw. subtraktiv aus den Amplitudenfunktionen der Normalwellen in den einzelnen Mulden errechnen lassen, wie das bei sehr großem R in guter Näherung möglich war, bei nicht zu kleinem R wird aber die Abweichung von dem Resultat der Addition bzw. Subtraktion noch nicht sehr beträchtlich sein, so daß sich qualitativ nichts ändert und insbesondere das Auftreten oder Nichtauftreten der Nullstelle (das ja den Symmetriecharakter bestimmt) gar nicht von R abhängt.

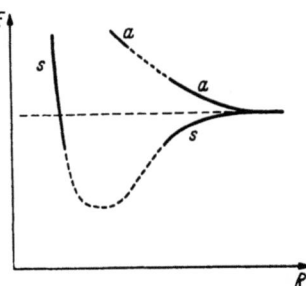

Abb. 34. Energie des Grundzustandes und des ersten höher liegenden Zustandes bei H_2^+.

Da beim Übergang zum dreidimensionalen Fall des realen H_2^+-Ions die allgemein wellentheoretischen Prinzipien nicht verändert werden, bleiben unsere Argumentationen auch für diesen Fall gültig. Die symmetrische und die antimetrische Normalwelle besitzen jetzt räumliche Amplitudenfunktionen, die sich in Näherung additiv bzw. subtraktiv aus denen der $1s$-Normalwellen um die beiden Kerne zusammensetzen lassen. Da die Amplitudenfunktionen der $1s$-Normalwellen kugelsymmetrisch sind, sind die der symmetrischen und der antimetrischen Normalwellen des H_2^+ axialsymmetrisch und schematisch in der Abb. 35 dargestellt. Die Funktion ψ_a hat zwischen den Kernen eine ebene Knotenfläche. Man nennt Ψ_s

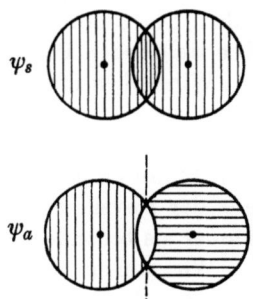

Abb. 35. Amplitudenfunktionen des bindenden und des lockernden Zustandes im realen H_2^+ (schematisch).

einen bindenden und Ψ_a einen lockernden Zustand. Abb. 36 zeigt den Verlauf der exakt berechneten bindenden Amplitudenfunktion auf der Kernverbindungsgeraden.

Wenn wir das H_2^+ durch einfache Anregung des bindenden Zustandes Ψ_s in unserem System hergestellt haben, bleibt nach dem Pauliprinzip im bindenden Zustand noch ein Platz frei, in den ein zweites Elektron aufgenommen und so das H_2-Molekül hergestellt werden kann. Bei einer quantitativen Behandlung des H_2 ist aber zu bedenken, daß nun, wie bei allen Systemen mit mehreren Elektronen ein Abschirmfeld einzuführen und die Normalwellen für ein etwas verändertes Gesamtfeld zu bestimmen sind. Qualitativ ändert sich jedoch nichts und wir können feststellen, daß die chemische Bindung im H_2-Molekül durch zwei Elektronen zustande kommt, die den bindenden Molekülzustand besetzen.

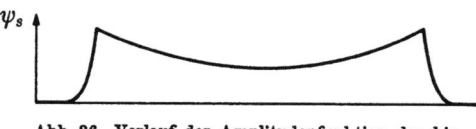

Abb. 36. Verlauf der Amplitudenfunktion des bindenden Zustandes des H_2^+ längs der Kernverbindungsgeraden (exakt).

Daß chemische Bindung in den meisten Fällen mit Elektronen*paaren* verknüpft erscheint, erkennen wir als eine Folge des Pauliprinzips, das doppelte Besetzung bindender Molekülzustände zuläßt. Die Bindungserscheinung selbst hängt mit der meistens zu beobachtenden Paarigkeit der Elektronen *nicht* zusammen.

Wir wollen nun die wichtigste *Eigenschaft* der chemischen Bindung, wie sie im H_2 vorliegt, untersuchen, und zwar die Absättigung. Durch diese Eigenschaft haben sich die ,,chemischen Kräfte" lange Zeit hindurch grundsätzlich von allen Kräften unterschieden, die aus der Physik bekannt waren, und die Absättigung ist deshalb immer als besonders rätselhaft empfunden worden.

Wir stellen uns die Frage: Warum kann man nicht nach $H_2+H = H_3$ ein molekulares Gebilde H_3 herstellen, obwohl doch dieser Prozeß als eine einfache Weiterführung des Anfangsschrittes $H+H = H_2$ erscheint ? Warum gibt es kein molekulares Gebilde H_3 ?

Wir betrachten eine Anordnung von drei Wasserstoffatomkernen, die auf einer Geraden liegen mögen und paarweise gleichen Abstand voneinander haben sollen und untersuchen die Bewegung von Kathodensubstanz im elektrischen Feld dieser drei Kerne. (Daß wir eine spezielle Kernanordnung gewählt haben, obwohl wir z. B. auch eine Dreieckslage hätten untersuchen können, ist

unerheblich, da unsere Argumentation von der Kernlage, wenn nur zwei gleiche Abstände vorkommen, unabhängig ist und die Überlegung auch für die allgemeinste Konfiguration mit demselben Resultat durchgeführt werden könnte.)
Durch Übergang zu dem analogen Problem dreier Pendel (Abb. 37) stellen wir fest, daß es bei großem Paarabstand drei entartete Normalwellen der Kathodensubstanz geben muß, deren Frequenzen bzw. charakteristische Energien beim Einsetzen der Koppelung, also bei kleineren Kernabständen, verschieden werden. Das Pendelsystem zeigt bei Koppelung das in Abb. 38 dargestellte Aufspaltungsbild der bei verschwindender Koppelung vorliegenden Frequenz v_0.

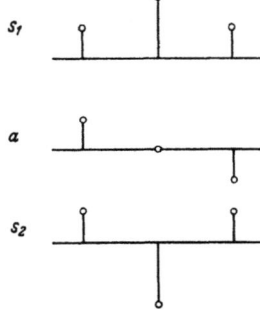

Abb. 37. Ausgangslagen für stehende Schwingungen in einem System aus dreigekoppelten Pendeln.

Von den drei Frequenzen ist v_a gleich v_0 (v_a ist die Frequenz einer antimetrischen Gesamtschwingung), v_{s1} die Frequenz einer symmetrischen Schwingung ohne „Nullstellen", d. h. Vorzeichenwechsel der Einzelamplituden, kleiner als v_0 und schließlich v_{s2} größer als v_0. Es gibt also im Feld der drei Kerne eine symmetrische Normalwelle, deren charakteristische Energie kleiner ist als die dreier getrennter „Atome", und die deshalb einen bindenden Zustand darstellt. Außerdem gibt es einen weder bindenden noch lockernden Zustand, den wir als „nichtbindend" bezeichnen und schließlich einen lockernden Zustand.

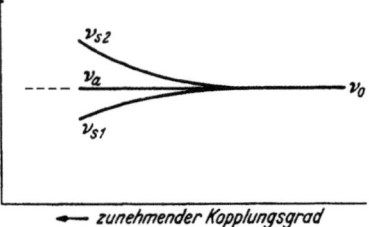

Abb. 38. Verstimmung eines Systems aus drei gleichen Pendeln bei Koppelung.

Wenn wir das Gebilde H_3 bekommen wollen, müssen wir dreimal eine Normalwelle anregen. Wenn das Pauliprinzip *nicht* gelten würde, bekämen wir den Grundzustand des Systems durch Dreifachanregung der bindenden Normalwelle Ψ_{s1}. Damit wäre das System wohl stabil und ein molekulares Gebilde. Da aber das Pauliprinzip zu berücksichtigen ist, darf Ψ_{s1} nur *zweifach* angeregt werden und für die dritte Anregung steht nur mehr die nicht bindende Normalwelle Ψ_a zur Verfügung. Die Bindungsenergie des H_3-Systems ist also wesentlich geringer, als sie es wäre, wenn das Pauliprinzip nicht gelten würde. Daß sie tatsächlich noch über der Energie eines Wasserstoffmoleküls H_2 und eines entfernten Wasserstoffatoms H liegt, zeigt zwar erst die exakte Rechnung, aber wir erkennen deutlich, daß die Situation, die beim Herzubringen eines dritten Wasserstoffatoms an ein Wasserstoffmolekül eintritt, wegen der Forderung des Pauliprinzips grundsätzlich und qualitativ von der Situation verschieden ist, die bei der Bildung eines Wasserstoffmoleküls eintritt. Der tiefste Grund für die Erscheinung der Absättigung ist also die Gültigkeit des Pauliprinzips. Damit haben wir erkannt, daß die auffälligste Eigenschaft der chemischen Bindung eine andere Ursache hat als das Phänomen der Bindung selbst.

Ursache der	
Bindungserscheinung	Absättigungserscheinung
Eine Theorie der Kathodensubstanz kann von einer klassischen *Wellentheorie* ausgehend entwickelt werden.	Gültigkeit des Pauliprinzips

Wir sind nun weiterhin in der Lage, zu verstehen, inwiefern das Pauliprinzip die Einführung des Begriffs Valenzelektron nötig macht und damit letzten Endes die Valenzregeln der Chemie bestimmt. Wir betrachten dazu die Normalwellen in dem Feld zweier Heliumatomkerne, die sich nur quantitativ, aber nicht qualitativ von den Normalwellen Ψ_s und Ψ_a des Wasserstoffproblems unterscheiden. Ψ_s ist auch hier bindend und Ψ_a lockernd. Versuchen wir jetzt ein Molekül He_2 (mit vier Elektronen) herzustellen, so könnten wir ohne Pauliprinzip den bindenden Zustand Ψ_s vierfach anregen und bekämen dann sicher ein stabiles He_2-Molekül, Wegen des Pauliprinzips müssen aber das dritte und das vierte Elektron in den lockernden Zustand Ψ_a gebracht werden, so daß lockernde und bindende Wirkung einander entgegenwirken und keine Bindung zwischen den beiden Heliumatomen zustande kommt. Bei weiterer Annäherung der Atome macht sich wegen der bei beginnender „Durchdringung" der Atomhüllen verschwinden den Abschirmung der Kernladungen durch die Hüllen (ähnlich wie bei H_2^+) eine starke Abstoßung bemerkbar. Dieser Fall muß immer

2. Vorlesung.

eintreten, wenn in zwei zu verbindenden gleichen Atomen zwar zwei einander entsprechende tiefliegende Atomzustände vorkommen, diese Zustände aber schon in den Atomen von je zwei Elektronen besetzt sind. Die Möglichkeit von Bindung ähnlicher Art, wie sie im Wasserstoffmolekül vorliegt, ist also an die Existenz einfach besetzter Einelektronenzustände in den zu verbindenden Atomen geknüpft. Man spricht von Valenzelektronen und meint damit Elektronen, die einzeln Atomzustände besetzen, wie etwa die Elektronen in Wasserstoffatomen.

Nachdem wir bisher immer von Systemen aus gleichen Atomen gesprochen haben, wollen wir uns nun der Betrachtung eines Systems aus zwei verschiedenen Atomen zuwenden. Jedes dieser beiden Atome soll ein Valenzelektron mitbringen, wir denken also etwa an Li und H. Die zwei $1s$-Elektronen des Li-Atoms berücksichtigen wir nur insofern, als sie das Feld, in dem sich das Valenzelektron bewegt, mitbestimmen. Der Normalwelle, die den Zustand des Valenzelektrons im freien Li-Atom beschreibt, entspricht sicher eine andere charakteristische Energie als die, die der Normalwelle des Wasserstoffatomgrundzustandes entspricht. Auf den Parallelfall der gekoppelten Pendel übersetzt, bedeutet das, daß wir nun zwei durch eine zweckmäßige Vorrichtung gekoppelte Pendel zu betrachten haben, die im ungekoppelten Zustand verschiedene Frequenzen besitzen. Auch in dem aus zwei solchen Pendeln bestehenden System gibt es, unabhängig vom Koppelungsgrad stehende Schwingungen, also solche, bei denen jeweils beide Pendel gleichzeitig durch die Null-Lage gehen. Es gibt, wie im Fall der gleichen Pendel auch wieder *zwei* stehende Schwingungen, aber während in jenem einfacheren Fall die Amplitudenbeträge der

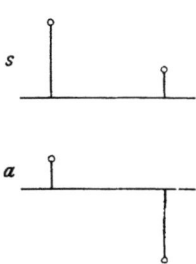

Abb. 39. Ausgangslagen für stehende Schwingungen in einem System aus zwei ungleichen Pendeln.

beiden Pendel für beide stehenden Schwingungen *gleich* waren, ist das bei ungleichen Pendeln nicht mehr so und die Ausgangslagen der stehenden Schwingungen sehen etwa so aus, wie Abb. 39 zeigt. Die eine stehende Schwingung erfolgt so, daß sich beide Pendel immer gleichzeitig auf derselben Seite der Null-Lage befinden. Bei der anderen gibt es eine „Nullstelle". Ganz entsprechend gibt es im analogen Molekül eine Normalwelle ohne Nullstelle und eine

52　2. Vorlesung.

solche mit Nullstelle. Die zugehörigen Amplitudenfunktionen lassen sich (in um so besserer Näherung, je größer R ist) durch Überlagerung der Amplitudenfunktionen ψ_l und ψ_r darstellen, wobei aber jetzt die Überlagerungskoeffizienten *nicht mehr* gleichen Betrag haben. Vielmehr ist an der Überlagerung ohne Nullstelle die Amplitudenfunktion des Atoms mit niedrigerer Energie (H) stärker beteiligt, während sie umgekehrt an der Überlagerung mit Nullstelle geringer beteiligt ist, als die des anderen Atoms. Die Rechnung zeigt, daß die Amplitudenfunktion der im weiteren Sinn symmetrischen Normalschwingung in dieser Näherung

$$\psi_s = c\,\psi_l + \sqrt{1-c^2}\,\psi_r \quad 0 \leq c \leq 1 \quad (71)$$

und die der im weiteren Sinn antimetrischen Normalschwingung

$$\psi_a = \sqrt{1-c^2}\,\psi_l - c\,\psi_r \quad 0 \leq c \leq 1 \quad (72)$$

lautet. Nach (71) ist ψ_r an ψ_s um so weniger, d. h. mit um so geringerem Koeffizientenbetrag beteiligt, je mehr ψ_l beteiligt ist. Das Umgekehrte gilt dann für ψ_a. ψ_s ist die Amplitudenfunktion einer bindenden Normalwelle (keine Nullstelle), ψ_a die einer lockernden (eine Nullstelle). Von den beiden Koeffizienten der Funktionen ψ_l und ψ_r in (71) hat derjenige den größeren Wert, dessen zugehörige ψ-Funktion der Normalwelle mit der niedrigeren Energie entspricht. Wenn wir in unserem Beispiel unter dem linken Atom das Wasserstoffatom verstehen, so ist also $c > \dfrac{1}{\sqrt{2}}$. Das bedeutet aber, daß von einer Menge Kathodensubstanz, deren Zustand durch die zu ψ_s gehörende Normalwelle beschrieben wird, sich der größere Teil in der Nähe des linken Atomkerns aufhält. Bei verschiedenen Atomen bedeutet also der bindende Zustand keineswegs mehr Gleichverteilung der Elektronen auf beide Atome. Das Atom mit der größeren „Elektronegativität" wird bevorzugt. und zwar um so mehr, je größer die Differenz der Elektronegativitäten ist. Eine nähere Untersuchung führt zu dem plausiblen Ergebnis, daß als Maßzahl für die Elektronegativität eines Atoms die Summe aus der ersten Ionisierungsenergie und aus seiner Elektronenaffinität verwendet werden kann. Ist schließlich $c \approx 1$, so ist $\psi_s \approx \psi_l$, und wenn wir diese Normalwelle zweifach anregen (Unterbringung der zwei Valenzelektronen in dem „bindenden" Einelektronenzustand), ergibt sich ein Molekül, in dem einfach der Grundzustand des linken Atoms zweifach, der des rechten

2. Vorlesung.

nullfach besetzt ist, während die Besetzungszahlen vor der Verbindungsbildung eins und eins waren. Gleichzeitig fällt natürlich für $c \approx 1$ der von dem Verstimmungseffekt herrührende Energiegewinn weg (da die atomaren Amplitudenfunktionen sich gar nicht überlagern) und man würde daraus schließen, daß die Bindungsenergie Null wäre, wenn man nicht bedenken müßte, daß bei der Bildung des beschriebenen Endzustandes die bei der Überführung des Elektrons des rechten Atoms zum linken Atom resultierende Energieänderung zu berücksichtigen ist. Dieser Energiebetrag ergibt sich, wenn man zuerst das freie rechte Atom ionisiert (wobei die Ionisierungsenergie des rechten Atoms aufzuwenden ist), anschließend das freie Elektron an das linke Atom anlagert (wobei man die Elektronenaffinität des linken Atoms erhält) und sodann die gebildeten Ionen sich auf den Normalabstand R_0 nähern läßt (wobei man die Energie e^2/R_0 erhält). Wenn man schon von fertigen Ionen ausgeht, so ist die Bindungsenergie einfach elektrostatisch zu berechnen (sie ist gleich e^2/R_0). Dabei hat man allerdings der Einfachheit halber feste „Ionenradien" angenommen, aber auch bei genauerer Betrachtung ändert sich nichts an der Feststellung, daß in dem besprochenen Falle die chemischen Kräfte wenigstens bei Abständen, die größer als der Normalabstand sind, einfach elektrostatische Kräfte zwischen Punktladungen sind. Das hat aber zur Folge, daß Kräfte nun nicht nur zwischen Bestandteilen *eines* „Moleküls", sondern bei Anwesenheit mehrerer „Moleküle" in gleicher Weise zwischen allen Bestandteilen dieser Moleküle wirken, so daß von Absättigungserscheinungen nichts mehr zu merken ist, die Ionen auch gar nicht mehr zu „Molekülen", sondern in der Regel zu Gittern mit hohen Koordinationszahlen zusammentreten, die man nur mehr als „Riesenmoleküle" bezeichnen kann und bei denen die einfachen stöchiometrischen Verhältnisse nicht mehr durch die Absättigungserscheinung, sondern nur mehr durch die Tatsache hervorgerufen sind, daß Kathodensubstanz nicht in beliebig kleinen Mengen, sondern nur in Einheiten $-e$ von einem Atom zum anderen übertragen werden kann, wenn man abgeschlossene Ionen herstellen will.

Wir haben jetzt den elektrovalenten Grenzfall der Verbindungsbildung geschildert, wir sehen aber, daß wir durch Variation von c zwischen $1/\sqrt{2}$ und 1 alle Zwischenmöglichkeiten zwischen „Kovalenz" und „Elektrovalenz" überstreichen. Je mehr sich der Wert von c von $\frac{1}{\sqrt{2}}$ entfernt, desto geringfügiger wird der bei der Bindung gleicher Atome allein wesentliche Verstimmungs- oder Resonanzanteil an den Bindungskräften und desto mehr nimmt der Ionenwechselwirkungsanteil zu.

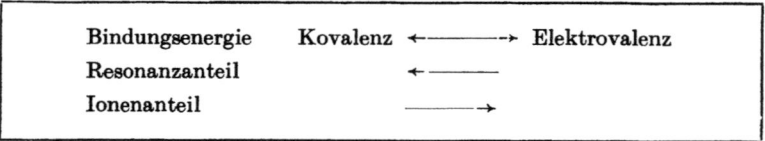

Nach unseren Darlegungen mag es nun so aussehen, als ob die theoretische Erfassung der rein elektrovalenten Grenzfälle ohne jede Bezugnahme auf die Quantenerscheinungen möglich wäre. Das ist nicht der Fall, und zwar stecken die typisch quantentheoretischen Züge in der Modellvorstellung, die wir oben schon einmal herzugezogen haben und nach der sich Ionen in bezug auf ihre gegenseitige „Durchdringbarkeit" in erster Näherung wie starre Kugeln verhalten, so daß sich die Mittelpunkte von zweien nur bis auf einen Abstand nähern können, der gleich der Summe ihrer Radien ist. Die Einführung des „starren Ions mit definiertem Radius" bedeutet natürlich nichts anderes, als die Feststellung einer Abstoßungskraft, die sehr schnell zunimmt, wenn der Abstand der Ionen einen kritischen Wert unterschreitet. Wegen dieses schnellen Anstiegs trägt die Abstoßung, wie wir später sehen werden, praktisch gar nichts zur Wechselwirkungs*energie* bei, wie groß diese Energie wird, hängt aber sehr wohl von der Radiensumme der Ionen ab und deshalb bestimmen die im Modell des starren Ions pauschal eingeführten Abstoßungskräfte die gesamten Bindungsphänomene doch sehr wesentlich mittelbar.

Bei den typischen elektrovalenten Gittern (wie NaCl) liegen nun immer Ionen mit abgeschlossener Edelgasschale, d. h. ohne Valenzelektronen, vor und damit ergibt sich dieselbe Situation wie wir sie oben bei der Diskussion der Wechselwirkung zweier Heliumatome angetroffen hatten. Wie bei diesen, ist eine durch Resonanzeffekt bedingte Bindung zwischen den edelgasartigen Ionenrümpfen nicht möglich, so daß bei zunehmender Annäherung eine Abstoßungskraft einsetzt, die der zwischen zwei Heliumatomen entspricht.

2. Vorlesung.

Wir übersehen nun den kovalenten und den elektrovalenten Anteil an der Beziehung zweier Atome seinem Wesen nach und müssen uns nur noch um eine Frage der formellen Darstellung bekümmern. Wir würden nach unseren Ergebnissen bei einem Übergangsfall zwischen Kovalenz und Elektrovalenz die Verhältnisse dadurch beschreiben, daß wir die bindende Normalwelle mit der Amplitudenfunktion Ψ_s zweifach anregen, den betreffenden Einelektronenzustand also mit zwei Elektronen besetzen. Wenn wir versuchen würden, den Grundzustand unseres Gebildes durch doppelte Anregung einer Normalwelle mit der Amplitudenfunktion $\frac{1}{\sqrt{2}} \psi_l + \frac{1}{\sqrt{2}} \psi_r$ oder durch doppelte Anregung einer Normalwelle mit der Amplitudenfunktion ψ_l zu beschreiben, würde beides eine sehr schlechte Näherung sein. Die erste Beschreibung würden wir symbolisch durch das Formelbild (k), die zweite

$$X - Y \quad (k), \qquad \overline{X}^{(-)} Y^{(+)} \quad (e)$$

durch das Formelbild (e) ausdrücken (jeder Strich bedeutet ein Elektronenpaar). Da den beiden dargestellten Grenzzuständen, wenn sie allein vorliegen würden (was jedoch nicht der Fall ist, da wir nach Voraussetzung einen Übergangsfall zwischen Kovalenz und Elektrovalenz betrachten) verschiedene Energien und damit Frequenzen entsprächen, können wir die beiden besprochenen Grenzzustände auf zwei verschiedene Pendel abbilden und für den realen Fall den wirklich vorliegenden Zustand durch eine stehende Welle des Pendelsystems erhalten, der nun wieder eine bestimmte Überlagerung der beiden Grenzzustände entspricht, die wir durch die Formelsymbole kurz dargestellt hatten. Der wirkliche Molekülgrundzustand wird also durch eine Normalwelle beschrieben, deren Amplitudenfunktion eine Überlagerung der Amplitudenfunktionen der Normalwellen ist, die wir durch die Formelbilder kurz symbolisiert haben. Wir sagen dann, bei dem Grundzustand des betrachteten Gebildes handele es sich um einen mesomeren Zustand zwischen den Grenzzuständen (k) und (e) und schreiben:

$$X - Y \leftrightarrow \overline{X}^{(-)} Y^{(+)}.$$

Damit sagen wir physikalisch nichts anderes als mit unserer ersten Beschreibung, wir gewinnen aber durch die eingeführte Notierung die Möglichkeit, den Anschluß an die chemische Formelschreibweise herzustellen. Wir sehen dabei gleich, daß mesomere Grenzformeln letzten Endes immer als Symbole für Amplitudenfunktionen molekularer Normalwellen aufgefaßt werden können, die aus atomaren Amplitudenfunktionen in einer solchen Weise aufgebaut sind, daß diese Funktionen *nur* mit den Koeffizienten 1 oder 0 zugelassen werden. Sowie wir von 1 oder 0 verschiedene Koeffizienten notieren wollen, brauchen wir im besprochenen Fall den Mesomeriebegriff gar nicht einzuführen, sondern können einfach sagen, der Grundzustand sei durch doppelte Anregung der Normalwelle mit der Amplitudenfunktion (71) darzustellen. Formelmäßig würde man das nur sehr schwer, etwa durch Symbole wie

$$X \overset{c}{} Y \overset{\sqrt{1-c^2}}{} \quad \text{oder} \quad X \leftarrow Y.$$

ausdrücken können, weshalb es schon zweckmäßiger ist, die einfachen Symbole weiter zu verwenden und dafür die Mesomerie in Kauf zu nehmen.

Mesomerie ist also gewissermaßen eine notwendige Ergänzung der chemischen Formulierungsvorschriften, *wenn* man in bezug auf die Einzelsymbole bei den altbewährten einfachen Hilfsmitteln sich bescheiden will. Daraus folgt sofort, daß der Begriff Mesomerie nur im Rahmen eines bestimmten Näherungs- oder Beschreibungsverfahrens einen Sinn hat, die Frage, ob ein Molekül objektiv mesomer ist oder nicht also sinnlos ist. In der Natur gibt es Molekülzustände, ob diese mesomer sind oder nicht, hängt von der Sprache des Beschreibenden ab.

Wir nennen die mesomeren Grenzformeln Valenzstrukturen und sprechen bei einem Molekül von lokalisierter Valenz, wenn sein Grundzustand sich praktisch durch *eine* Valenzstruktur in ausreichender Näherung beschreiben läßt. Dabei ist es nicht unwichtig darauf hinzuweisen, daß die Antwort auf die Frage, ob lokalisierte oder nichtlokalisierte Valenz vorliegt, von den Genauigkeitsansprüchen abhängt und daß schließlich bei sehr weitgehenden Ansprüchen das Beschreibungsschema (auch bei Zulassung beliebig vieler Valenzstrukturen) überhaupt versagt, weil ja die Amplitudenfunktion jeder Valenzstruktur grundsätzlich aus atomaren Amplitudenfunktionen aufgebaut ist und wir schon oben darauf hingewiesen haben, daß das eigentlich nur bei großen Atomabständen genau richtig ist.

2. Vorlesung. 57

Bei unserer Untersuchung der chemischen Bindung haben wir nun als nächste Grunderscheinung das Auftreten bestimmter Valenzwinkel zu betrachten. Wir gehen also jetzt von zweiatomigen zu mindestens dreiatomigen Molekülen über und stellen zunächst fest, daß nach unseren bisherigen Ergebnissen dann, wenn wie etwa im H_2O-Molekül ein Atom (O) mit zwei anderen Atomen (H) in eine Wechselwirkung treten soll, die der Bindung der H-Atome im H_2-Molekül analog ist, bei diesem Atom (O) zwei Valenzelektronen vorhanden sein müssen, d. h. also zwei Elektronen, die je einzeln im Atom zwei Einelektronenzustände besetzen. Sind ψ_{O1} und ψ_{O2} die Amplitudenfunktionen der Normalwellen, die diese Einelektronenzustände repräsentieren und sind ψ_{H1} und ψ_{H2} die Amplitudenfunktionen der in den zu bindenden Atomen je einfach angeregten Normalwellen, so lassen sich aus den Paaren ψ_{O1}, ψ_{H1} und ψ_{O2}, ψ_{H2} durch Überlagerung die Amplitudenfunktionen zweier bindender Normalwellen herstellen. Durch je zweifache Anregung dieser zwei bindenden Normalwellen erhalten wir das fertige Molekül (H_2O).

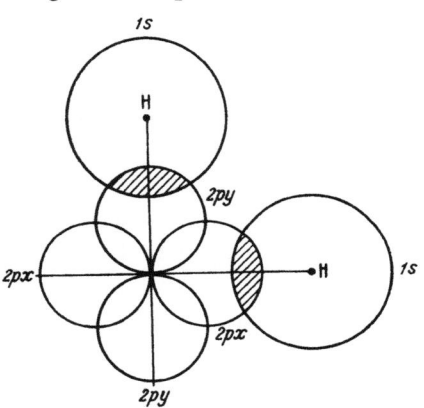

Abb. 40. Die Bindungen im Wassermolekül.

Bei dem betrachteten Beispiel H_2O besitzt das freie Sauerstoffatom insgesamt 8 Elektronen. Vier von diesen besetzen je doppelt die Einelektronenzustände $1s$ und $2s$, die restlichen vier Elektronen sind auf die drei Einelektronenzustände $2px$, $2py$, $2pz$ zu verteilen, so daß notwendig einer von diesen doppelt besetzt werden muß. Dieser doppelt besetzte Zustand sei $2pz$, so daß die beiden Valenzelektronen je einzeln die Einelektronenzustände $2px$ und $2py$ besetzen. Diesen Zuständen entsprechen axialsymmetrische Amplitudenfunktionen und da nun ein wesentlicher Energiegewinn durch den Verstimmungseffekt erst dann eintritt, wenn die zu kombinierenden Amplitudenfunktionen ψ_{O1} und ψ_{H1} bzw. ψ_{O2} und ψ_{H2} sich wesentlich überdecken, ist anhand der Abb. 40 sofort zu sehen, daß der stabilste Zustand des H_2O-Moleküls ein solcher mit einem Valenzwinkel von etwa 90° sein sollte. Die Möglichkeit von besonderen Valenzwinkeln scheint damit auf das plausible Prinzip der maximalen Überlappung der Amplitudenfunktionen und auf die Tatsache zurückgeführt, daß es bei Atomen Normalwellen mit nichtkugelsymmetrischen Amplitudenfunktionen gibt.

Obwohl auch die Weiterführung der bei H_2O angewendeten Argumentation bei NH_3 das richtige Resultat ergibt, daß NH_3 nicht planar, sondern pyramidal gebaut sein sollte, haben wir bei unseren Überlegungen, wie wir gleich sehen werden, einen wesentlichen Punkt außer acht gelassen, so daß wir bisher tatsächlich nur gezeigt haben, daß die abgeleiteten Valenzwinkel bei H_2O und NH_3 *möglich* sind, während der Nachweis fehlt, daß die Valenzwinkel auch so sein *müssen*.

Um welche Schwierigkeit es sich handelt, übersehen wir am besten, wenn wir uns zunächst auch weiterhin nur mit den möglichen Valenzwinkeln, und zwar am Kohlenstoffatom beschäftigen. Im Grundzustand des Kohlenstoffatoms ist der $2s$-Zustand doppelt besetzt, während die restlichen zwei Elektronen in den drei $2p$-Zuständen untergebracht sind. Das Kohlenstoffatom besitzt im Grundzustand also nur zwei Valenzelektronen. Damit es vier

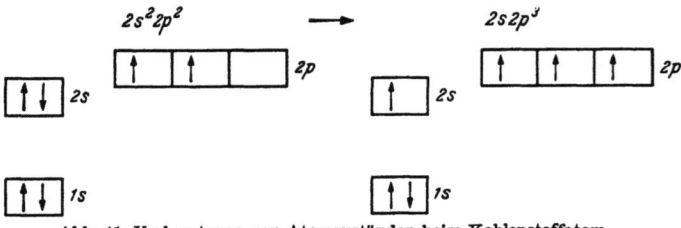

Abb. 41. Umbesetzung von Atomzuständen beim Kohlenstoffatom.

Bindungen eingehen kann, ist zunächst eine Umbesetzung der Atomzustände von $2s^2\,2p^2$ zu $2s\,2p^3$ nötig (Abb. 41). Da der Zustand $2s$ den drei untereinander äquivalenten Zuständen $2p$ durchaus inäquivalent ist, ist in Anbetracht der schon oben herangezogenen Überlappungsvorstellung keineswegs einzusehen, wie das Kohlenstoffatom in der Lage sein soll, vier gleiche Atome, wie etwa im Methanmolekül, in gleicher Weise zu binden. Nun ist beim Kohlenstoffatom (wie man aus den Atomspektren ablesen kann) der $2s$-Zustand mit den drei $2p$-Zuständen noch praktisch entartet (das effektive Feld des Kohlenstoffatoms ist praktisch

2. Vorlesung.

ein Coulombfeld) und damit folgt sofort, daß auch jede Überlagerung der vier Normalwellen $2s, 2px, 2py, 2pz$ eine mögliche atomare Normalwelle darstellt. Wenn das so ist, ist man aber keineswegs gezwungen, zur Herstellung eines Kohlenstoffatoms mit

Tabelle 2. *Amplitudenfunktionen beim Kohlenstoffatom.*

Funktionen	Lage der Symmetrieachsen im Raum
1. Tetraedrische Funktionen $\sigma_1 = \frac{1}{2}(s + p_x + p_y + p_z)$ $\sigma_2 = \frac{1}{2}(s + p_x - p_y - p_z)$ $\sigma_3 = \frac{1}{2}(s - p_x + p_y - p_z)$ $\sigma_4 = \frac{1}{2}(s - p_x - p_y + p_z)$	σ_3' σ_4' σ_2' σ_1'
2. Trigonale Funktionen p_z $\sigma_1 = \frac{1}{\sqrt{3}} s + \sqrt{\frac{2}{3}} p_x$ $\sigma_2 = \frac{1}{\sqrt{3}} s - \frac{1}{\sqrt{6}} p_x + \frac{1}{\sqrt{2}} p_y$ $\sigma_3 = \frac{1}{\sqrt{3}} s - \frac{1}{\sqrt{6}} p_x - \frac{1}{\sqrt{2}} p_y$	p_z σ_3' σ_1' σ_2' p_z
3. Digonale Funktionen p_y p_z $\sigma_1 = \frac{1}{\sqrt{2}}(s + p_x)$ $\sigma_2 = \frac{1}{\sqrt{2}}(s - p_x)$	$\sigma_2' \qquad \sigma_1'$ p_y

vier Valenzelektronen, diese Elektronen in die Zustände $2s, 2px, 2py, 2pz$ zu bringen. Man kann vielmehr zunächst vier verschiedene Überlagerungen der Normalwellen $2s, 2px, 2py, 2pz$ konstruieren und die Valenzelektronen dann je einzeln in den konstruierten Einzelelektronenzuständen unterbringen.

Wenn wir uns für die möglichen Valenzwinkel am Kohlenstoffatom interessieren, haben wir zu untersuchen, welche Möglichkeiten für die Überlagerung (Mischung oder Hybridisierung) der konventionellen atomaren Normalwellen $\Psi(2s), \Psi(2px), \Psi(2py)$,

$\Psi(2pz)$ existieren und welche Valenzwinkel sich in jedem Fall unter Zuhilfenahme des Prinzips der maximalen Überlappung ergeben. Tatsächlich gibt es unendlich viele solche Möglichkeiten, und wir engen deshalb zweckmäßig unsere Fragestellung ein und versuchen festzustellen, ob es unter diesen auch diejenigen Möglichkeiten gibt, die in der Natur empirisch verwirklicht sind. Das ist tatsächlich der Fall. Zunächst gibt es eine spezielle Überlagerung (Tab. 2, 1.), die zu vier Normalwellen führt, die einander völlig äquivalent sind. Ihre Amplitudenfunktionen besitzen Symmetrieachsen, die mit den Richtungen der Mittelpunkt-Eck-Verbindungslinien eines Tetraeders zusammenfallen. Die Amplitudenfunktionen des neuen Satzes von Normalwellen unterscheiden sich nur durch die Orientierung ihrer Symmetrieachsen voneinander. Der damit theoretisch als möglich erkannte Valenzzustand des Kohlenstoffatoms ist offenbar wichtig für die Beschreibung des CH_4, des C_2H_6 und ähnlicher Moleküle.

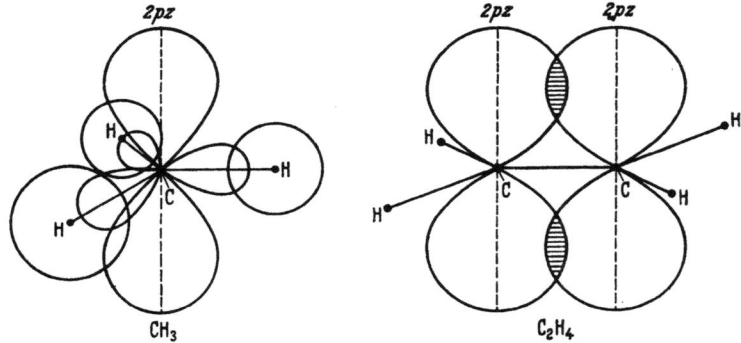

Abb. 42. Bindungsverhältnisse bei Methyl (CH_3) und Äthylen (C_2H_4) nach HÜCKEL.

Eine zweite Überlagerungsmöglichkeit ist in Tab. 2, 2. angegeben. Die Amplitudenfunktionen der vier Überlagerungsprodukte zerfallen jetzt in zwei Gruppen, von denen die erste drei Mitglieder, die zweite aber nur eines umfaßt. Die drei Funktionen der ersten Gruppe besitzen wieder Symmetrieachsen und sind einander äquivalent. Die Symmetrieachsen liegen in einer Ebene und schließen Winkel von 120° miteinander ein. Den vierten Zustand stellt die den anderen drei inäquivalente unveränderte $2pz$-Normalwelle dar.

In Abb. 42 ist dargestellt, wie man unter Zugrundelegung dieses trigonalen Valenzzustandes das Zustandekommen eines ebenen

CH$_3$-Radikals verstehen kann. Der trigonale Valenzzustand erlaubt aber auch die Beschreibung eines ebenen Äthylenmoleküls. Hier tritt nun zum erstenmal, und zwar bei der Wechselwirkung der in den beiden $2pz$-Zuständen sitzenden Elektronen ein neuer Bindungstyp auf, den wir als π-Bindung bezeichnen wollen. Bisher haben wir (bei der H—H-, der C—H- und der C—C-Bindung) nur solche Fälle kennen gelernt, bei denen die für die Bindung wesentlichen atomaren Normalwellen um die Bindungsrichtung drehsymmetrisch waren und die wir σ-Bindungen nennen wollen. Nun begegnet uns ein Bindungstyp, bei dem das nicht mehr der Fall ist. Vielmehr kann die Abhängigkeit der beiden $2pz$-Amplitudenfunktionen von dem Drehwinkel φ um die Verbindungslinie der Atommittelpunkte durch $\cos\varphi$ beschrieben werden. Das hat zunächst zur Folge, daß die beiden $2pz$-Amplitudenfunktionen sich nur seitlich, also geringfügig überlappen können und deshalb die mit der π-Bindung verknüpften energetischen Effekte kleiner sein müssen als die mit der σ-Bindung zwischen den beiden C-Atomen im selben Molekül verknüpften und außerdem sieht man sofort, daß die maximale Überlappung und damit der maximale energetische Bindungseffekt nur dann eintritt, wenn das Molekül wirklich ebene Konfiguration aufweist. Es sollte also Arbeit aufzuwenden sein, wenn man die beiden Molekülhälften gegeneinander zu verdrehen sucht. Der Zusammenhang dieser Schlußfolgerungen mit der Stabilität von cis- und trans-isomeren Äthylenderivaten ist deutlich. π-Bindungen liegen vor allem auch bei Benzol vor, das wir später behandeln. Die an den π-Bindungen beteiligten Elektronen werden kurz π-Elektronen genannt.

Eine dritte wichtige Möglichkeit der Hybridisierung ist in Tab. 2, 3. dargestellt. Dieses Mal bleiben zwei $2p$-Funktionen unverändert, während sich $2s$- und die dritte $2p$-Funktion zu zwei äquivalenten Normalwellen mit „entgegengesetzten" Symmetrieachsen überlagern. Wie man von diesem Valenzzustand ausgehend die Bindungsverhältnisse in Acetylen und bei den Cumulenen beschreiben kann, zeigt die Abb. 43.

Wir brauchen jetzt nur noch hinzuzufügen, daß man auch bei den Atomen N und O all die angeführten Mischungen der konventionellen atomaren Normalwellen ausführen kann (wenn auch dort der größere Unterschied zwischen den charakteristischen Energien der Zustände $2s$ und $2p$ besondere Überlegungen nötig macht) um klarzulegen, daß aus den oben für H_2O und NH_3 angestellten Überlegungen keineswegs notwendig folgt, daß die Valenzwinkel so sein müssen, wie die naive unter alleiniger Berücksichtigung der konventionellen Atomzustände $2s$, $2px$, $2py$, $2pz$ angestellte Über-

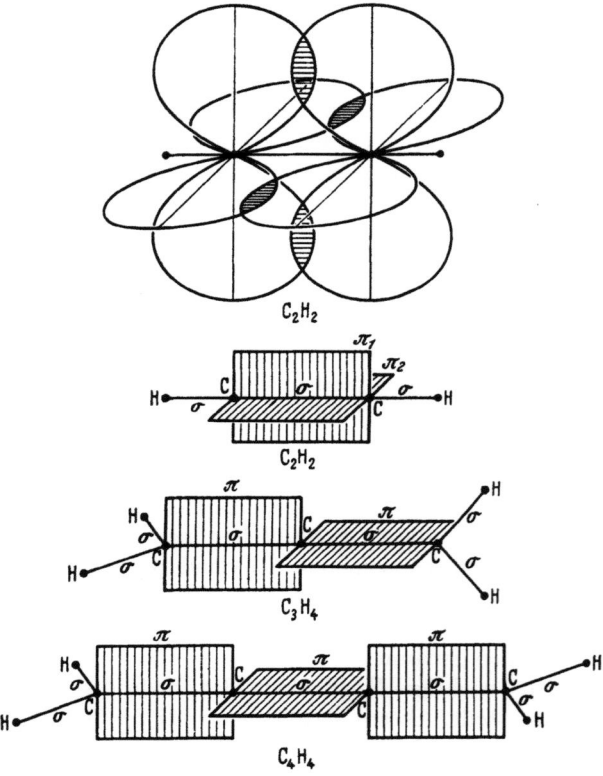

Abb. 43. Bindungsverhältnisse bei Acetylen (C_2H_2) und den Cumulenen.

legung ergeben hatte. Diese Überlegung konnte also nur zeigen, daß es Atomzustände und damit jeweils einen Valenzzustand des O- bzw. N-Atoms gibt, von dem aus das Zustandekommen eines gewinkelten Wassermoleküls bzw. eines pyramidalen Ammoniakmoleküls möglich ist.

Da der Grundzustand eines molekularen Gebildes nach Definition der energieärmste Zustand ist, kann man auf die Frage, von

2. Vorlesung. 63

welcher der vielen Valenzwinkelmöglichkeiten die Natur beim Aufbau eines Moleküls Gebrauch macht, sofort die Antwort geben, daß derjenige Zustand realisiert wird, der zur niedrigsten Gesamtenergie führt. Obwohl nun bei den verschiedenen Valenzzuständen eines Atoms die möglichen Überlappungen mit den atomaren Normalwellen der Bindungspartner verschieden sind, das Prinzip der maximalen Überlappung also hinreichen sollte, um den energieärmsten Molekülzustand in seiner Konfiguration vorherzusagen, erfordert die Aufgabe doch häufig ein tieferes Eindringen in das konkrete Problem, und zwar deshalb, weil die Energiedifferenzen zwischen den verschiedenen Konfigurationen häufig recht klein sind und das Überlappungsprinzip in qualitativer Fassung dann nicht mehr ausreicht.

Wir wollen, wenn wir nun hier von der Frage der möglichen zu der der optimalen Valenzwinkel fortschreiten, unsere Argumentationen auf möglichst elementare Überlegungen stützen.

Sicherlich werden in einem System, an dem mehrere Elektronen teilnehmen, vorwiegend solche Konfigurationen realisiert, bei denen die Elektronen der COULOMBschen Abstoßung zwischen gleichen Teilchen folgend zwar sich nicht zu weit von den positiven Atomkernen entfernen, aber dabei doch möglichst große Abstände voneinander haben. Wenn wir bedenken, daß nach dem Pauliprinzip jeder Einelektronenzustand von zwei Elektronen (mit antiparallelem Spin) besetzt werden kann, die dann also einander räumlich relativ nahe sein können, haben wir die Schlußfolgerung noch so zu modifizieren, daß im System vorwiegend Konfigurationen realisiert werden, bei denen Elektronen*paare* möglichst großen Abstand voneinander haben.

Die acht Außenelektronen des Neonatoms lassen sich zu vier Paaren zusammenfassen. Die im oben erklärten Sinn optimale Konfiguration ist natürlich dann eine solche, bei der die vier Paare, die sich im Mittel gleich weit von dem Atommittelpunkt aufhalten sollen, im Bereich der Ecken eines Tetraeders liegen (Abb. 44). Betrachten wir anstelle eines Neonatoms das CH_4-Molekül, so wird die mittlere Entfernung der wieder vier Elektronenpaare vom C-Mittelpunkt etwas größer geworden sein, weil diese Paare jetzt *zwischen* dem C-Rumpf und den H-Kernen liegen. Wenn diese Bedingung erfüllt werden soll, folgt aus der tetraedrischen Konfiguration der Elektronenpaare sofort tetraedrische Struktur des

Moleküls. Diese Struktur wird hier sogar noch durch die Wechselwirkung der Kerne zusätzlich stabilisiert.

Beim NH_3-Molekül, das sich vom CH_4-Molekül dadurch unterscheidet, daß die positive Ladung des Rumpfes um eine Einheit erhöht und dafür ein Wasserstoffkern verschwunden ist, wirkt die Wechselwirkung der Wasserstoffkerne der das Tetraeder bevorzugenden Elektronenkonfiguration im Sinne einer Valenzwinkelspreizung entgegen. Da aber die Ladungsbeträge der Elektronen-

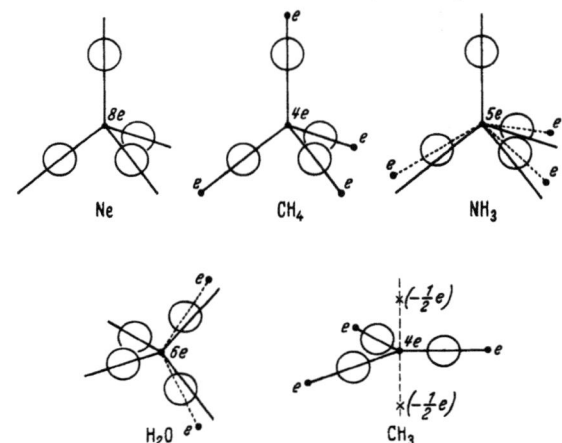

Abb. 44. Lage der wesentlichen Aufenthaltsbereiche von Elektronenpaaren (symbolisiert durch ○ bei Ne, CH₄, NH₃, H₂O und CH₃).

paare doppelt so groß sind, wie die der Wasserstoffkerne und die Wasserstoffkerne wegen ihrer größeren Entfernung von N auch jeweils weiter voneinander entfernt sind als die entsprechenden Elektronenpaare, überwiegt der dirigierende Einfluß des Elektronensystems und NH_3 sollte — im Einklang mit der Erfahrung — *nicht* eben gebaut sein.

Die Diskussion der Verhältnisse bei H_2O erübrigt sich wohl. Man vergleiche die Abb. 44.

Als nächsten Fall betrachten wir das CH_3-Radikal, das sich von den bisher betrachteten Gebilden dadurch unterscheidet, daß es nur sieben Valenzelektronen, also drei Paare und ein einzelnes Elektron aufweist. Da die Abstoßung zwischen zwei Paaren stärker ist, als die zwischen einem Paar und einem einzelnen Elektron, bestimmen hier die drei Paare die dann natürlich ebene optimale

2. Vorlesung. 65

Lage, die übrigens auch von den Wasserstoffkernen angestrebt wird. Das letzte Elektron wird sich dann gleichhäufig oberhalb und unterhalb der Molekülebene aufhalten.

Ohne eine mehr quantitative Untersuchung lassen sich die Verhältnisse bei Äthylen nicht mehr ganz eindeutig überblicken. Zur Konkurrenz stehen eine Anordnung, die dem v. BAYERschen Äthylenmodell entspricht, bei der keines der beiden Elektronenpaare zwischen den C-Atomen wirklich die günstigste Lage auf der Verbindungslinie einnehmen kann und sich diese Paare außerdem relativ stark abstoßen, und das HÜCKELsche Modell (Abb. 42), das durch Verbindung zweier CH_3-artiger Gebilde CH_2 entstanden gedacht werden kann. Tatsächlich ist das HÜCKELsche Modell realisiert, dessen Bevorzugung man sich immerhin annähernd verständlich machen kann.

Wir sehen, daß man die Valenzwinkel bei den Verbindungen der Elemente der ersten Achterperiode recht gut verstehen kann, ohne daß man in größerem Umfang komplizierte Hilfsmittel der Theorie heranzieht. Damit haben wir unseren Überblick über die Grunderscheinungen abgeschlossen und können uns nun der Betrachtung spezieller Realisierungen der einzelnen Bindungsfälle zuwenden. Bevor wir damit beginnen, wollen wir jedoch noch auf die empirische Systematik der Bindungserscheinungen und auf ihren Zusammenhang mit unserem theoretischen Schema der lokalisierten und nichtlokalisierten Valenz eingehen.

Die Gesamtheit der Bindungserscheinungen ist empirisch in drei Typen, und zwar in denen der Ionenbindung, der Atombindung und der metallischen Bindung erfaßt worden. Zwischen den drei reinen Typen, die etwa durch die Stoffe

NaCl	Ionenbindung	(I)
H_2 Diamant	} Atombindung	(A)
Na	metallische Bindung	(M)

realisiert werden, gibt es Übergänge, die etwa bei folgenden Stoffen vorliegen:

SiF_4	I—A
As	A—M
Na_3As	M—I.

Von dem Valenzstrukturschema aus, das wir oben eingeführt haben, wäre das NaCl-Gitter als ein Gebilde mit lokalisierter Valenz zu bezeichnen, bei dem die eine wesentliche Valenzstruktur keine mit Überlappung verknüpften Bindungen aufweist und der Zusammenhalt des Gitters durch die Kräfte zwischen den geladenen Ionen bewirkt wird. Diese eine Valenzstruktur könnten wir schematisch durch das (hier nur eben zu zeichnende Formelbild)

$$\begin{array}{cccc} Na^{(+)} & Cl^{(-)} & Na^{(+)} & Cl^{(-)} \\ Cl^{(-)} & Na^{(+)} & Cl^{(-)} & Na^{(+)} \\ Na^{(+)} & Cl^{(-)} & Na^{(+)} & Cl^{(-)} \end{array} \quad \text{usw.}$$

usw.

charakterisieren.

Das H_2-Molekül und den Diamantkristall, die als Prototypen der empirischen Atombindung angegeben wurden, würde man vom Valenzstrukturschema aus ebenfalls als Gebilde mit lokalisierter Valenz bezeichnen. Die allein wesentliche Valenzstruktur ist aber jetzt eine solche, bei der jeweils zwischen Nachbaratomen mit Überlappung verknüpfte Bindungen bestehen und die Atome keine formalen Ladungen tragen. Die entsprechenden Formelbilder wären etwa:

$$H-H \qquad \begin{array}{c} | \quad | \quad | \\ -C-C-C- \\ | \quad | \quad | \\ -C-C-C- \\ | \quad | \quad | \end{array} \quad \text{usw.}$$

usw.

Daß im Diamantkristall zwischen allen Nachbarpaaren von Atomen Bindungen vorliegen können, ist natürlich nur möglich, weil die Zahl der Valenzelektronen des Kohlenstoffatoms gleich der Koordinationszahl des Gitters ist. Für Gitter mit einer Atomsorte, bei denen die Koordinationszahl höher als die Zahl der Valenzelektronen der Atome ist, lassen sich aus rein geometrischen Äquivalenzgründen schon bei Beschränkung auf Strukturen ohne formale Ladungen der Atome sehr viele solche Strukturen anschreiben, wie etwa:

$$\begin{array}{cc} Na-Na \quad Na- & \quad \quad Na \quad Na \quad Na- \\ \quad \quad \quad \quad \quad \text{oder} & \quad \quad \quad | \\ Na \quad Na-Na & \quad \quad Na \quad Na-Na \\ | & \end{array} \quad \text{usw.}$$

Daneben dürften polare Strukturen, wie etwa

$$\begin{array}{ccc} Na^{(+)} & \overline{Na}^{(-)} & Na- \\ Na & Na- & Na \\ | & & \end{array}$$

eine Rolle spielen, da sonst die Elektronenleitungseigenschaften im

2. Vorlesung. 67

Rahmen des Valenzstrukturbildes nicht zu verstehen wären. Aus dem Gesagten ergibt sich, daß die empirische „metallische Bindung" als ein Spezialfall nicht lokalisierter Valenz eines Gitters einzuordnen ist.

Der metallischen Bindung steht der Bindungszustand in den aromatischen Systemen nahe, bei deren Prototyp Benzol ebenfalls aus geometrischen Äquivalenzgründen zumindest die zwei Valenzstrukturen

⬡ und ⬡

wesentlich am Grundzustand des Moleküls beteiligt sind. Insgesamt erhalten wir nun folgende Übersicht:

lokalisierte Valenz	nichtlokalisierte
1. Nur eine unpolare Struktur H_2, C(Diamant)	1. Nur unpolare Strukturen C_6H_6
2. Nur eine polare Struktur NaCl	2. unpolare und polare Strukturen nebeneinander Na („Metallische Bindung") SiF_4, As, Na_3As

Wir sind jetzt auch in der Lage, im Rahmen unseres Valenzschemas die Begriffe „Wertigkeit" und „Bindigkeit" sauber zu definieren und so die Schwierigkeiten des alten Wertigkeitsbegriffes zu vermeiden. Wertigkeit und Bindigkeit sind Angaben über Atome in Valenzstrukturen. Wertigkeit gibt die formale Ladung des betreffenden Atoms in der in Rede stehenden Valenzstruktur (in Einheiten e) an. Sie ist also eine ganze Zahl mit Vorzeichen. Bindigkeit gibt die Zahl der Bindungsstriche an, die von demselben Atom in der betreffenden Valenzstruktur ausgehen. So ist N in der Valenzstruktur I

$$\begin{array}{ccc} H & R & H \\ | & | & | \\ H-N^{(+)}H & R-N^{(+)}\overline{O}|^{(-)} & H-C-H \\ | & | & | \\ H & R & H \\ I & II & III \end{array}$$

(der Hauptstruktur des Ammoniumions) +1-wertig und vierbindig, ebenso, wie in der Struktur II (der Hauptstruktur der

Aminoxyde). C in der Struktur III ist nullwertig und vierbindig.

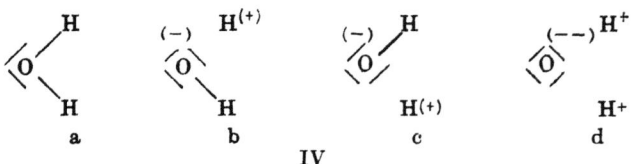

$$\text{IV}$$

O ist in der ersten der vier Strukturen IVa—d des Wassermoleküls, die wohl alle, wenn auch mit IVa als Hauptstruktur am Grundzustand des H_2O beteiligt sind, nullwertig und zweibindig, in der zweiten und dritten ist es — 1-wertig und einbindig, und in der vierten — 2-wertig und nullbindig.

Anhand des letzten Beispiels ist sofort zu sehen, daß dann, wenn nichtlokalisierte Valenz vorliegt, die Behauptung, ein bestimmtes Atom hätte nicht nur in einer Valenzstruktur, sondern auch in dem realen Molekül eine bestimmte Bindigkeit und eine bestimmte Wertigkeit, nicht in jedem Fall möglich ist. Bindigkeits- und Wertigkeitszahlen lassen sich den Atomen im realen Molekül im allgemeinen nur dann zuordnen, wenn in diesem wenigstens annähernd lokalisierte Valenz vorliegt. Bei typisch mesomeren Molekülen ist das nurmehr dann möglich, wenn für alle am Grundzustand wesentlich beteiligten Strukturen Bindigkeit und Wertigkeit der Atome dieselben Werte haben, wie also etwa bei Benzol.

Tabelle 3. *Bindigkeit und Wertigkeit.*

	Element								
	He	Li	Be	B	C	N	O	F	Ne
0	He	Li⁺	Be²⁺						
1		Li	Be⁺						
2			Be						
3				B	C⁺				
4					C	N⁺			
3					C⁻	N	O⁺		
2						N⁻	O		
1							O⁻	F	
0							O²⁻	F⁻	Ne

Zwischen Bindigkeit und Wertigkeit besteht jedenfalls bei den Elementen der ersten Achterperiode ein enger Zusammenhang. Da für die Unterbringung von Valenzelektronen bei diesen Elementen nur die vier Atomzustände $2s$, $2px$, $2py$, $2pz$ bzw. ihre Überlagerungsprodukte zur Verfügung stehen, ist die maximale Bindigkeit der Atome vier. Die Bindigkeit ist gleich der Zahl der Valenzelektronen, wenn diese gleich oder kleiner als vier ist. Ist sie größer als vier, so nimmt die Bindigkeit, da dann Atomzustände notwendig doppelt besetzt werden müssen, ebenfalls ab. Die Tab. 3 gibt den Zusammenhang zwischen Bindigkeit und Wertigkeit, der sich so ergibt, zusammenfassend wieder.

3.

Unter den molekularen Gebilden, die wir in unserer Übersicht über die empirischen Bindungsfälle erfaßt haben, sind diejenigen, die man aus Ionen aufgebaut denken kann, im Hinblick auf die praktischen Anwendungen bindungstheoretischer Erkenntnisse die einfachsten. Wir wollen deshalb, wenn wir uns jetzt der Betrachtung konkreter Einzelfragen bei den verschiedenen Typen molekularer Gebilde zuwenden, zuerst diese „Ionenverbindungen" behandeln.

Die Wechselwirkungsenergie eines Z-fach positiven und eines Z-fach negativen Ions ist, solange ihr Abstand R groß ist, einfach die zweier Punktladungen, also $-Z^2e^2/R$. Sie wird durch die hyperbolische Kurve e der Abb. 45 dargestellt. Bei kleineren R-Werten trägt außer der elektrostatischen Anziehung der Ionen die bei der beginnenden Durchdringung der Elektronenwolken einsetzende Abstoßungswirkung zur gesamten Wechselwirkungsenergie der Ionen bei. Da dieser Energieanteil dann sehr schnell mit abnehmendem R zunehmen muß, wird man ihn etwa mit dem Ansatz b/R^n mit $n \gg 1$ erfassen können, dem die Kurve d in Abb. 45 entspricht. Die gesamte Wechselwirkungsenergie E, die sich nach

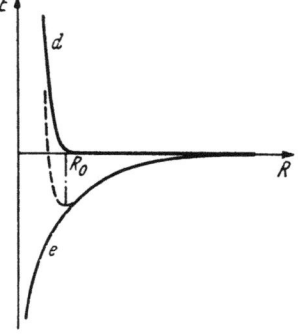

Abb. 45. Wechselwirkungsenergie zweier Ionen.

$$E = -\frac{Z^2e^2}{R} + \frac{b}{R^n} \qquad (73)$$

aus den besprochenen Anteilen zusammensetzt, wird durch die gestrichelte Kurve der Abb. 45 dargestellt, die bei dem „Normalabstand" R_0 der Ionen ein Minimum aufweist. E hat nach (73) seinen Minimalwert bei

$$R_0 = \left(\frac{nb}{Z^2e^2}\right)^{\frac{1}{n-1}} \qquad (74)$$

und damit sind wir in der Lage, die uns noch unbekannte

Konstante b durch R_0 auszudrücken: $b = Z^2 e^2 R_0^{n-1}/n$. Setzen wir diesen Wert für b nun in (73) ein, so ergibt sich die Wechselwirkungsenergie des Ionenpaares im Gleichgewichtsabstand zu

$$E_0 = -\frac{Z^2 e^2}{R_0}\left(1 - \frac{1}{n}\right). \qquad (75)$$

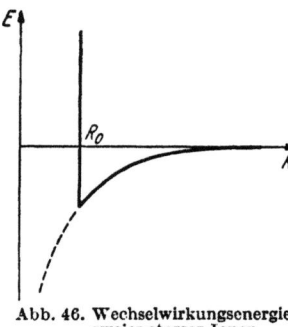

Abb. 46. Wechselwirkungsenergie zweier starrer Ionen.

Da n erfahrungsgemäß ≥ 9 ist, machen wir nach (75) nur einen kleinen Fehler, wenn wir $n = \infty$ annehmen, den steilen Anstieg der Kurve d also durch einen unendlich steilen, senkrechten Anstieg ersetzen, so daß die Energiekurve die Form der Abb. 46 annimmt. Die Berechnung der Wechselwirkungsenergie kann dann nach (75) unter alleiniger Berücksichtigung des elektrostatischen Gliedes erfolgen. Eine senkrechte d-Kurve bedeutet natürlich nichts anderes als die Annahme, daß die Ionen wie feste Kugeln sich einander bis auf einen Abstand nähern können, der durch die Summe ihrer Radien gegeben ist.

Tabelle 4. *Ionenradien (Å)*.

Ionen mit Edelgaskonfiguration					Ionen mit der 18er Schale		
	H^- 1,54	Li^+ 0,68	Be^{2+} 0,30		Cu^+ 0,95	Zn^{2+} 0,70	Ga^{3+} 0,60
O^{2-} 1,45	F^- 1,33	Na^+ 0,98	Mg^{2+} 0,65	Al^{3+} 0,45	Ag^+ 1,13	Cd^{2+} 0,92	In^{3+} 0,81
S^{2-} 1,90	Cl^- 1,81	K^+ 1,33	Ca^{2+} 0,94	Sc^{3+} 0,68		Hg^{2+} 1,05	Tl^{3+} 0,91
Se^{2-} 2,02	Br^- 1,96	Rb^+ 1,48	Sr^{2+} 1,10	Y^{3+} 0,90	Ionen der Übergangselemente		
					Mn^{2+} 0,80		Cr^{3+} 0,55
					Fe^{2+} 0,75		Fe^{3+} 0,53
Te^{2-} 2,22	J^- 2,19	Cs^+ 1,67	Ba^{2+} 1,29	La^{3+} 1,04	Co^{2+} 0,72		
					Ni^{2+} 0,68		

Das Modell der starren Ionenkugeln mit geeignet gewählten Radien wäre aber eine reine Fiktion, wenn es nicht gelingen würde, die Konstanz der Radien beim Eintreten der Ionen in *verschiedene* Verbindungen empirisch zu stützen. Das ist der Fall. Man kann die Dimensionen der Kristallgitter von Ionenverbindungen sehr gut

3. Vorlesung.

unter der Annahme quantitativ ableiten, daß den Ionen konstante Radien zukommen. Die Fehler bei der Berechnung von Gitterkonstanten aus einem geeignet gewählten System von Ionenradien liegen in der Regel unter 5%. In Tab. 4 sind einige wichtige Ionenradien zusammengestellt.

Beim Zusammentreten von Ionen zu einem Kristall, wie etwa dem des Natriumchlorids, wird die Gitterenergie frei und wir sind nach unseren Vorbereitungen nun in der Lage, diese wichtige Energiegröße (die Bindungsenergie des NaCl-Makromoleküls „Kristall") zu berechnen. Die Energie des Kristalls erhalten wir, wenn wir nach (75) mit $n = \infty$ die Wechselwirkungsenergien aller Ionenpaare im Kristall summieren. Bezeichnet Z_i die (positiv oder negativ ganzzahlige) Ladungszahl des i-ten Ions und Z_j die des j-ten, so ist die Energie E_0 des Kristalls

$$E_0 = \sum_{i>j} \sum \frac{Z_i Z_j e^2}{R_{ij,0}} \tag{76}$$

wobei $R_{ij,0}$ der Abstand des i-ten und j-ten Ions im fertigen Kristall ist. Bei einer ähnlichen Vergrößerung des Kristalls ändern sich alle R_{ij} in gleicher Weise. Sie sind also dem Abstand R zweier benachbarter Ionen proportional. Wenn wir mit c_{ij} die Proportionalitätsfaktoren bezeichnen ($R_{ij} = c_{ij} R$), können wir (76) zu

$$E_0 = \frac{e^2}{R_0} \sum_{i>j} \sum \frac{Z_i Z_j}{c_{ij}} = \frac{e^2}{R_0} S \tag{77}$$

umwandeln, wo die Summe jetzt R_0 nicht mehr enthält. Da sie sicher der Zahl N der stöchiometrischen Moleküle und dem Quadrat der kleinsten vorkommenden Ladungszahl Z proportional ist,

$$S = -ANZ^2, \tag{78}$$

besteht jetzt nur mehr das (mathematisch recht schwierige) Problem, den nur vom Gitter*typ* abhängigen Proportionalitätsfaktor A, die sog. MADELUNGsche Zahl des Gitters zu bestimmen. Für den Typ des Natriumchloridgitters ist A zu 1,747558 berechnet worden. In der Tab. 5 sind die MADELUNGschen Zahlen für einige wichtige Gitter angegeben, so daß man in der Lage ist, für alle Ionenverbindungen, die in den aufgeführten Gittern kristallisieren, die Gitterenergie pro stöchiometrisches Molekül nach

$$-\frac{E_0}{N} = AZ^2 \frac{e^2}{R_0} \tag{79}$$

in recht guter Näherung zu berechnen.

Nachdem wir jetzt die MADELUNGschen Zahlen kennen, können wir eine Frage behandeln, die sich sofort erhebt, wenn wir bedenken, daß eine gegebene Ionenverbindung in der Regel grundsätzlich in mehreren verschiedenen Gittern kristallisieren könnte, nämlich die Frage: Warum kristallisiert eine gegebene Ionenverbindung unter solchen Umständen gerade in dem für sie empirisch bestimmten Gitter?

Scheinbar ist, wenn die in der Nähe des absoluten Nullpunktes stabile, also die energieärmste Form bestimmt werden soll, die Antwort nach (79) sofort zu geben. Sie lautet: Es sollte diejenige Form auftreten, für die die MADELUNGsche Zahl maximal ist.

Die Betrachtung der Tab. 5 lehrt, daß binäre Ionenverbindungen der allgemeinen Formel XY dann also immer im CsCl-Gitter auftreten sollten. Wie wir wissen, ist das manchmal, also vor allem beim Caesiumchlorid selbst tatsächlich der Fall, aber schon das NaCl und die Mehrzahl der doch als Prototypen von Ionenverbindungen anzusehenden Alkalihalogenide kristallisieren eben nicht im CsCl- sondern im NaCl-Gitter, dessen MADELUNGsche Zahl um etwa 1% niedriger ist als die des CsCl-Gitters.

Tabelle 5. MADELUNGsche Zahlen.

Natriumchlorid $M^+ A^-$	1,747558
Caesiumchlorid $K^+ A^-$	1,762670
Sphalerit $K^+ A^-$	1,63806
Wurtzit $K^+ A^-$	1,641
Fluorit $K^{2+} A_2^-$	5,03878
Cuprit $K_2^+ A^{2-}$	4,11552
Rutil $K^{2+} A_2^-$	4,816
Anatas $K^{2+} A_2^-$	4,800
Cadmiumjodid $K^{2+} A_2^-$	4,71
α-Quarz $K^{2+} A_2^-$	4,4394
Korund $K_2^{3+} A_3^{2-}$	25,0312

Die Theorie scheint zu versagen, aber in Wirklichkeit haben wir einen wesentlichen Punkt, und zwar ein geometrisches Verhältnis übersehen, dessen Berücksichtigung die oben gegebene Antwort auf die Frage nach dem Grund für das Auftreten der realen Gittertypen modifizieren wird. Lassen wir nämlich etwa beim CsCl-Gitter, das wir als Beispiel etwas näher betrachten wollen, den Radius R_+ des Kations unter Konstanthaltung des Anionenradius R_- kleiner werden, so ändert sich dabei zunächst die Gitterkonstante (sie wird kleiner und die Gitterenergie wächst); schließlich erreichen wir aber einen Punkt, bei dem die Anionen sich berühren. Das ist nach der Abb. 47 dann der Fall, wenn

$$\sqrt{3}\,R_- = R_+ + R_- \quad \text{oder} \quad \frac{R_+}{R_-} = \sqrt{3} - 1 = 0{,}732 \qquad (80)$$

3. Vorlesung.

ist. Von nun an kann sich bei einer weiteren Verringerung von R_+ bei konstantem R_- der Gitterabstand nicht mehr ändern, so daß diese Verringerung von R_+ keinen Gewinn an Gitterenergie mehr erbringt. Da beim NaCl-Gitter der „Ionenkontakt" erst bei dem Radienverhältnis

$$\frac{R_+}{R_-} = \sqrt{2} - 1 = 0{,}414 \tag{81}$$

eintritt, wird ein Caesiumchloridgitter, in dem man das Radienverhältnis unter den kritischen Wert 0,732 herunter verringert, bald in ein NaCl-Gitter umklappen.

Wir haben damit die große Bedeutung des Verhältnisses der Ionenradien für den rechten Gittertyp erkannt, verstehen also qualitativ, daß bei entsprechenden Radienverhältnissen auch Gitter mit ungünstigeren MADELUNGschen Zahlen realisiert werden müssen. Speziell im Falle der Alternative zwischen CsCl- und NaCl-

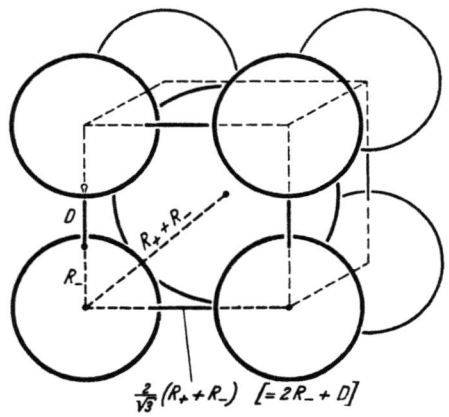

Abb. 47. Elementarzelle des Caesiumchlorid-Gitters.

Gitter ist zwar das Radienquotientengesetz quantitativ ungenügend erfüllt, es gibt aber Fälle, wie etwa die Alternative zwischen Rutil- und Fluoritgitter, bei der die in Tab. 6 aufgeführten Stoffe dem Radienquotientengesetz auch quantitativ folgen. Das kritische Radienverhältnis ist in diesem Fall 0,732.

Wir übersehen jetzt, wie der Gittertyp zu ermitteln ist, in dem eine reale oder hypothetische Ionenverbindung wahrscheinlich kristallisiert, und wir sind in der Lage, mit Hilfe der MADELUNGschen

Tabelle 6. *Radienverhältnisse für Rutil- und Fluoritgitter*.

Rutilgitter	R_+/R_-	Fluoritgitter	R_+/R_-
MgF_2	0,60	CaF_2	0,87
ZnF_2	0,65	SrF_2	0,97
TiO_2	0,55	BaF_2	1,12
GeO_2	0,43	CdF_2	0,84
SnO_2	0,55	HgF_2	0,92
PbO_2	0,60	$SrCl_2$	0,73
		ZrO_2	0,62
		CeO_2	0,72

Zahlen für diese Gitter die Gitterenergie anzugeben. Häufig ist es aber auch von Interesse, die atomare Bildungsenergie der Verbindung zu kennen, d. h. den Energiebetrag, der frei wird, wenn wir aus einer äquivalenten Menge isolierter Atome der Elemente den Kristall (beim absoluten Nullpunkt) herstellen. Dazu haben wir zunächst aus denjenigen Atomen, die die Kationen ergeben sollen, die erforderliche Zahl von Elektronen abzuspalten (wobei die Ionisierungsenergie aufzuwenden ist) und diese Elektronen dann an diejenigen Atome anzulagern, die die Anionen ergeben sollen (wobei die Elektronenaffinität frei wird). Anschließend lassen wir die gebildeten Ionen zum Kristall zusammentreten (wobei die Gitterenergie frei wird). Durch Summation aller aufgetretenen Energiegrößen (unter Berücksichtigung der jeweiligen Vorzeichen) erhalten wir die atomare Bildungswärme der Verbindung. Die Bildungswärme schlechthin (aus den Elementen in den thermochemischen Grundzuständen) erhalten wir, wenn wir zur atomaren Bildungswärme noch diejenigen Energiebeträge hinzunehmen, die mit der Überführung der Elemente in den thermochemischen Grundzuständen in eine entsprechende Menge getrennter Atome verknüpft sind.

Tabelle 7. *Elektronenaffinitäten* (in kcal/Mol).

H 16,5;   F 83;   Cl 86,5;   J 74,2

Auf diese Weise sind unter Verwendung der Ionisierungsenergien nach Abb. 24 und der in Tab. 7 angegebenen Elektronenaffinität die Bildungsenergien der bekannten und hypothetischen Chloride berechnet worden, die in Abb. 48 dargestellt sind. Es treten jeweils bei den bekannten Chloriden Maxima der Bildungsenergien auf und wenn man aus der Abbildung z. B. entnimmt, daß die Reaktion

$$2\,[MgCl] + (Cl_2) \rightarrow 2\,[MgCl_2] \tag{82}$$

mit 245 kcal/Mol exotherm ist, sieht man sofort, daß wir auf dem eingeschlagenen Weg eine (energetische) Begründung der normalen Wertigkeiten der Elemente erreicht haben. Die Maxima der Abbildung treten speziell deshalb auf, weil bei der weiteren Ionisation der Metallatome über die normale Wertigkeitsstufe hinaus nach Abb. 24 besonders hohe Energiebeträge aufzuwenden sind. Da wir die Daten der Abb. 24 aber schon von der Theorie der Atome aus verstanden haben, ist also ein völliges Verständnis der Hauptwertigkeitsregel erreicht, daß nämlich die Wertigkeit eines Elementes durch seinen Abstand von dem nächsten Edelgas im periodischen System bestimmt ist. Besonders ertragreich ist eine theoretische Betrachtung der aus Ionen aufgebauten und der verwandten Komplexionen. Die Bildungsenergie eines Komplexions erhalten wir, wenn wir auch die Komplexbestandteile wieder durch starre Kugeln darstellen, indem wir die elektrostatischen Wechselwirkungsglieder aller Komplexbestandteile untereinander anschreiben und summieren. So erhält man z. B. leicht für ein Komplexion, das aus einem n-fach positiv geladenen Zentralion

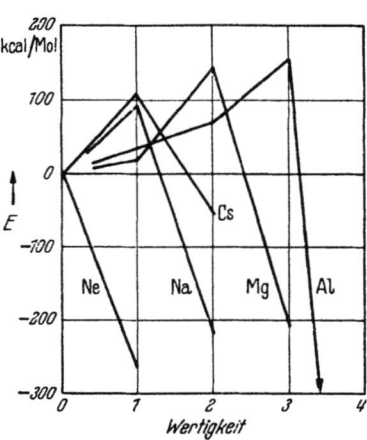

Abb. 48. Bildungsenergien bekannter und hypothetischer Chloride.

und sechs einfach negativ geladenen und oktaedrisch angeordneten Liganden besteht, als Energieinhalt

$$E = -\frac{6ne^2}{R_n + R} + \frac{3e^2}{2(R_n + R)} + \frac{12e^2}{\sqrt{2}(R_n + R)}. \tag{83}$$

Dabei bedeutet R_n den Radius des Zentralions und R den des Liganden. Allgemein kann man für alle Typen von Komplexionen (mit p Ionenliganden) die Energie in der Form

$$E = -\frac{p(n - s_p)}{R_n + R} e^2 \tag{84}$$

angeben. Die s_p sind charakteristische Zahlen (MAGNUSsche Zahlen), die von der Ligandenzahl (p) und bei gegebenem p noch von dem Anordnungstyp abhängen. Tab. 8 enthält die MAGNUSschen Zahlen für die wichtigsten Komplextypen.

Aus der Tabelle entnimmt man z. B., daß für $p = 6$ die oktaedrische Anordnung günstiger als die regulär sechseckige ist. Auch hier läßt sich also wieder (in Übereinstimmung mit der Erfahrung) der geometrisch günstigste Typ ermitteln. Da nach (84) $p(n - s_p)$ mit dem für das jeweilige p optimalen s_p bei konstantem $R_n + R$

selbst schon ein Maß für die Bildungsenergie der Komplexionen ist, kann man aus Tab. 9 ersehen, wie bei festem n die Größe $p(n - s_p)$ mit steigendem p über ein Maximum geht, wie es also bei jeder Wertigkeit des Zentralions eine bevorzugte Koordinationszahl gibt und wie diese optimale Koordinationszahl mit steigender Wertigkeit des Zentralions ebenfalls in Übereinstimmung mit der Erfahrung größer wird.

Tabelle 8. *Abschirmungskonstanten nach* MAGNUS.

p	Anordnung	s_p
2	diagonal	0,25
3	gleichseitiges Dreieck	0,58
4	Tetraeder	0,92
4	Quadrat	0,96
5	reguläres Fünfeck	1,38
6	Oktaeder	1,66
6	reguläres Sechseck	1,83
7	reguläres Siebeneck	2,30
8	Würfel	2,47
8	reguläres Achteck	2,80

Die für Ionenkomplexe angestellten Überlegungen lassen sich für eine große Klasse weiterer Komplexionen erweitern, die aus Zentralionen und aus neutralen Liganden bestehen und bei denen das Festhalten der Liganden durch die Wechselwirkung der Ladung des Zentralions mit den elektrischen Dipolmomenten bedingt ist, durch die die elektrische Asymmetrie im Aufbau der neutralen Ligandenmoleküle beschrieben werden kann. So kann man z. B. auf Grund der Tatsache, daß die abstoßenden Kräfte zwischen zwei

Tabelle 9. $p(n - s_p)$ nach MAGNUS.

n	$p = 1$	$p = 2$	$p = 3$	$p = 4$	$p = 5$	$p = 6$	$p = 7$	$p = 8$
1	1,00	1,50	1,26	0,32				
2		3,50	4,26	4,32	3,12	2,04		
3			7,26	8,32	8,12	8,04	4,90	4,24
4				12,32	13,12	14,04	11,90	12,24
5					18,12	20,04	18,90	20,24
6						26,04	25,90	28,24
7							32,90	36,24
8								44,24

Dipolliganden rascher mit der Entfernung abnehmen, als die Anziehungskräfte zwischen dem Zentralion und einem Dipolliganden zunehmen, verstehen, daß es zwar ein Ion $[Na(NH_3)_6]^+$ gibt, daß aber das Ion $[NaCl_6]^{5-}$, bei dem die Abstoßungskräfte zwischen den Liganden ebenso wie die Anziehungskräfte zwischen Zentralion und

3. Vorlesung.

Liganden (mit derselben Abstandsabhängigkeit) aus dem einfachen COULOMBschen Gesetz folgen, unbekannt ist.

Der Theorie von MAGNUS liegt die Annahme zugrunde, daß Zentralionen und Liganden beim Zusammentreten zum Komplex praktisch keine Veränderungen erfahren. Das ist hinsichtlich der Zentralionen sicher dann richtig, wenn es sich um Gebilde mit abgeschlossenen äußeren Elektronenschalen handelt. Dieser Fall liegt aber bei der Gruppe der besonders interessanten komplexen Verbindungen der Übergangsmetalle gerade nicht vor.

Als Prototyp mag für die weitere Diskussion ein „oktaedrisch" gebautes Komplexion des dreiwertigen Titans Ti^{3+} dienen. Der Grundzustand des freien Ti^{3+}-Ions gehört zur Elektronenkonfiguration $1s^2 2s^2 2p^6 3s^2 3p^6 3d^1$. Das Ion besitzt außerhalb eines abgeschlossenen Rumpfes ein Außenelektron, das sich in einem der fünf miteinander entarteten $3d$-Zustände aufhält. Diese fünf Zustände zerfallen hinsichtlich der zugehörigen Amplitudenfunktionen in zwei Gruppen, die man herkömmlich durch die Symbole 3ε und 3γ bezeichnet. Zu den drei 3ε-Zuständen gehören ψ-Funktionen, die sich wie auch die Amplitudenfunktionen zu den Zuständen $2px, 2py, 2pz$ nur durch die Orientierung im Raum unterscheiden und sonst gleichartig sind. In Abb. 49 ist der räumliche Verlauf der Funktionswerte für einen der drei 3ε-Zustände in derselben Weise dargestellt, wie das in Abb. 20 für die Zustände $1s, 2s, 2px, 2py, 2pz$ geschehen ist. In derselben Abb. 49 ist auch der räumliche Verlauf der Amplitudenfunktionswerte für einen der beiden 3γ-Zustände angegeben.

Wenn man aus Ti^{3-} und sechs negativen Liganden L^- einen Komplex $[TiL_6]^{3+}$ herstellen will, kann das so geschehen, daß man die Liganden längs der in Abb. 49 eingezeichneten Koordinatenachsen gleichmäßig an das Zentralion herantreten läßt. Dabei wird auch eine positive und also labilisierende Wechselwirkungsenergie zwischen dem (negativen) $3d$-Elektron und den (negativen) Liganden auftreten. Für den Fall, daß das Elektron einen der

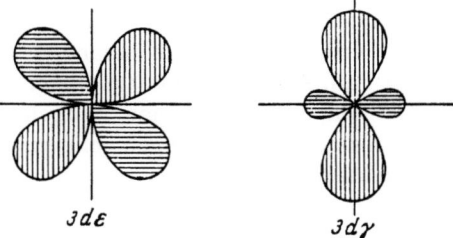

Abb. 49. Amplitudenfunktionen atomarer $3d$-Zustände.

beiden 3γ-Zustände besetzt, ist diese Energie groß, weil die Gebiete maximaler Dichte für den 3γ-Zustand gerade in Richtung der Koordinatenachsen liegen, auf denen die Liganden heranrücken. Wesentlich günstiger liegen die Verhältnisse, wenn das Elektron einen der drei 3ε-Zustände besetzt. Die Gebiete maximaler Dichte liegen in diesen Fällen „zwischen" den Koordinatenachsen. Das Elektron ist im Mittel weiter von den Liganden entfernt und die labilisierende Wechselwirkungsenergie wird kleiner.

Insgesamt erhalten also unter der Wirkung des von den Liganden herrührenden elektrischen Feldes die Zustände 3ε und 3γ, die zunächst entartet waren, eine verschiedene charakteristische Energie und zwar in dem Sinne, daß die drei 3ε-Zustände tiefer und die zwei 3γ-Zustände höher liegen. Der fünffach entartete $3d$-Zustand spaltet unter der Wirkung des Ligandenfeldes in einen dreifachen 3ε- und in einen zweifachen 3γ-Zustand auf (Abb. 50).

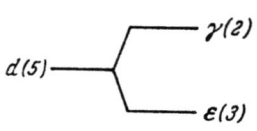

Abb. 50. Aufspaltung eines atomaren d-Zustandes im oktaedrischen Ligandenfeld.

Wenn der Komplex $[TiL_6]^{3-}$ im Grundzustand vorliegt, befindet sich das Außenelektron des Titans in einem 3ε-Zustand. Durch Lichtabsorption kann es in einen 3γ-Zustand gehoben werden. Man kann den energetischen Abstand der beiden Zustände abschätzen und kommt zu dem Resultat, daß die Titankomplexe eine entsprechende Absorptionsbande im sichtbaren Spektralgebiet aufweisen sollten. Diese Bande soll außerdem, wie man bei einer eingehenderen Untersuchung im Rahmen der Ligandenfeldtheorie erfährt, noch eine besondere Struktur aufweisen. Beides ist der Fall. Auf der Grundlage dieser Gedankengänge ist während des letzten Jahrzehnts eine weitgehende Analyse der Spektren vieler Komplexverbindungen gelungen.

Nachdem man für die oktaedrische Ligandenanordnung die Wirkung des Ligandenfeldes auf den atomaren $3d$-Zustand kennt, kann man nun auch für Zentralionen mit mehreren Außenelektronen charakteristische Eigenschaften ihrer oktaedrischen Komplexe vom Standpunkt der Ligandenfeldtheorie aus diskutieren. In Abb. 51 haben wir für den Fall des dreiwertigen Chroms die Verteilung seiner drei Außenelektronen im Komplex angegeben. Sie besetzen nach dem HUNDschen Prinzip die drei 3ε-Zustände je einfach mit parallelen Spins. Für das dreiwertige Kobalt haben wir in derselben Abbildung zwei Extremfälle dargestellt, die bei schwachem und starkem Ligandenfeld eintreten. Im ersten Fall ist der energetische Abstand zwischen 3ε und 3γ klein, im zweiten groß. Da die Parallelstellung der Spins mit einem zusätzlichen Energiegewinn verbunden ist, der in unserem vereinfachten Bild nicht dargestellt werden kann und dessen Auftreten die eigentliche Ursache für die Gültigkeit des HUNDschen Prinzips darstellt, überwiegt bei schwachem Ligandenfeld das HUNDsche Prinzip und es

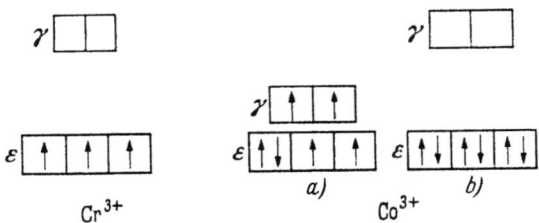

Abb. 51. Grundzustände von Zentralionen in oktaedrischen Komplexen.

kommt zur Ausbildung von vier parallelen Elektronenspins (a). Dieser Fall liegt bei $[CoF_6]^{3-}$ vor. Bei starkem Ligandenfeld und großer Aufspaltung überwiegt der Einfluß des Feldes und alle sechs Außenelektronen müssen in den drei 3ε-Zuständen untergebracht werden (b). Das ist nur möglich, wenn völlige Spinkompensation eintritt. Demnach sollten derartige Komplexe diamagnetisch sein. Das ist z. B. bei $[Co(NH_3)]^{3+}$ und ähnlichen Verbindungen der Fall.

Bei der Besetzung der 3ε-Zustände mit drei oder sechs Elektronen erhält die Ladungswolke des Zentralions selbst eine oktaedrische Symmetrie. Das führt zu besonderer Stabilität der Komplexe und damit versteht man, warum gerade die Ionen Cr^{3+} (3 Außenelektronen) und Co^{3+} (6 Außenelektronen) bevorzugte Komplexbildner sind.

Schließlich kann man im Rahmen der Ligandenfeldtheorie an Hand einer etwas eingehenderen Betrachtung auch verstehen, warum im Fall der Koordinationszahl vier unter Umständen der planare Koordinationstyp bevorzugt realisiert wird, während doch nach der elementaren Betrachtungsweise von MAGNUS der tetraedrische Typus allein in Betracht kommen sollte. Letzten Endes hängt das damit zusammen, daß bei Ionen mit einer nichtab-

80 3. Vorlesung.

geschlossenen Schale die Elektronenwolke axiale Symmetrie besitzen kann.

Wir wissen schon, daß der rein elektrovalente Fall, bei dem also lokalisierte Valenz mit *einer* Ionenstruktur vorliegt, nur einen Grenzfall darstellt und daß natürlich häufig auch in Fällen, die man in grober Näherung als rein elektrovalent bezeichnen würde, bei strengerer Betrachtung eine geringfügige mesomere Mitbeteiligung kovalenter Strukturen berücksichtigt werden muß. Wenn nun etwa bei einem zweiatomigen Molekül ein solcher Fall vorliegt, neben der Hauptstruktur

$$\overline{X}^{(-)}\ Y^{(+)}$$

also in geringerem Maße die kovalente Struktur

$$X-Y$$

am Grundzustand mitbeteiligt ist, bedeutet das unter anderem, daß der Schwerpunkt der Valenzelektronen etwas nach dem Ion Y^+ zu verschoben wird. Derartige Ladungsverschiebungen treten aber nun auch auf, wenn irgendein Atom, Ion oder Molekül in ein *äußeres* elektrisches Feld (so z. B. in das einer Lichtwelle) gerät. Die Verschieblichkeit des betreffenden Elektronensystems wird in solchen Fällen durch die Polarisierbarkeit α des Gebildes beschrieben. Mit der elektrischen Deformation ist immer eine Energieerniedrigung verbunden, deren Betrag ΔE in der Regel dem Quadrat der elektrischen Feldstärke F proportional ist. α ist gerade so erklärt, daß

$$\Delta E = \frac{\alpha}{2} F^2 \tag{85}$$

ist. Die Polarisierbarkeit α von Ionen kann aus Messungen des Brechungsindex entsprechender Verbindungen ermittelt werden.

Es liegt jetzt nahe, bei nahezu elektrovalenten Bindungsfällen die durch die geringfügige Mitbeteiligung kovalenter Strukturen bedingten Energieänderungen in einem einfachen elektrostatischen Bild halbquantitativ zu beschreiben und dabei die bekannten Polarisierbarkeiten der Ionen zu benutzen. Nach diesem Bild steht das Anion $\overline{X}^{(-)}$ (dessen Polarisierbarkeit α im allgemeinen wesentlich größer ist als die des Kations, so daß sie allein berücksichtigt zu werden braucht) unter dem Einfluß des elektrischen Feldes, das von dem Ion $Y^{(+)}$ erzeugt wird und dessen Betrag am Mittelpunkt des Anions nach dem COULOMBschen Gesetz e/R^2 ist, wobei R den Ionenabstand bedeutet. Unter dem Einfluß dieses Feldes wird die Elektronenwolke des Anions deformiert und mit dieser Deformation ist nach (85) eine Energieerniedrigung vom Betrag

$$\Delta E = \frac{\alpha e^2}{2 R^4} \qquad (86)$$

verknüpft, um den sich also die Bindungsenergie erhöht. Diese Überlegung ist nicht ganz korrekt, da α die Polarisierbarkeit in einem homogenen Feld bedeutet, das Feld des Kations aber keineswegs homogen ist. Solange ΔE klein ist, ist es aber sicher vernünftig einfach (86) zu verwenden und als Feldstärke — wie wir es getan haben — diejenige anzusehen, die im *Mittel*punkt des Anions herrscht. Wenn ΔE einen wesentlichen Teil der gesamten Bindungsenergie ausmacht, ist die ganze Argumentation sowieso nicht mehr sinnvoll, da dann Resonanzeffekte das Bild beherrschen, die durch Einführung einer Polarisierbarkeit nurmehr künstlich erfaßt werden könnten.

Was die durch Berücksichtigung der Polarisierbarkeitserscheinungen erweiterte Ionentheorie zu leisten vermag, sehen wir bei der Behandlung des Wassermoleküls, wenn wir zunächst einmal annehmen, daß dieses Molekül aus den Ionen $2H^{(+)}$ und $O^{(2-)}$ aufgebaut sei und dann eine Polarisation des O^{2-} durch die H^+ zulassen. Wenn das Molekül gestreckt gebaut wäre, würden sich die von den Wasserstoffionen erzeugten Felder am Mittelpunkt des O^{2-}-Ions gerade zu Null kompensieren, und wir hätten sinngemäß eine Polarisationsenergie Null anzunehmen. Wenn dagegen ein von 180° verschiedener kleinerer Valenzwinkel H—O—H (2φ) vor-

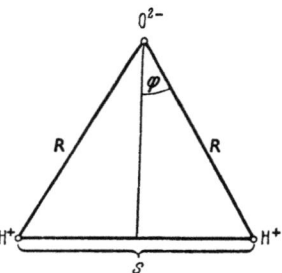

Abb. 52. Koordinaten zur Beschreibung des H_2O-Moleküls.

liegen würde (Abb. 52), würde der Betrag der Feldstärke des von den Wasserstoffionen im Mittelpunkt des O^{2-}-Ions erzeugten Feldes, den man sich unter Berücksichtigung der vektoriellen Addition der Teilfelder leicht zu

$$F = \frac{2e \cos \varphi}{R^2} \qquad (87)$$

berechnen kann (R: Abstand der H^+-Ionen vom Mittelpunkt des

O^{2-}-Ions), endlich und damit würde eine Polarisationsenergie

$$-\frac{2e^2\alpha\cos^2\varphi}{R^4} \qquad (88)$$

auftreten, während andererseits die positive Wechselwirkungsenergie der Wasserstoffionen

$$\frac{e^2}{2R\sin\varphi} \qquad (89)$$

anwachsen müßte.

Der von φ abhängige Anteil der Gesamtenergie

$$\frac{e^2}{R}\left\{\frac{1}{2\sin\varphi} - \frac{2\alpha\cos^2\varphi}{R^3}\right\} \qquad (90)$$

hat, wenn

$$\frac{R^3}{8\alpha} < 1 \qquad (91)$$

ist, wenn also die Polarisierbarkeit des O^2-Ions hinreichend groß ist, ein Minimum bei

$$\varphi_0 = \arcsin\frac{R}{2\alpha^{1/3}}, \qquad (92)$$

so daß man, da die Bedingung (91) tatsächlich erfüllt ist, zu einem gewinkelten H_2O-Molekül als der Normalform kommt.

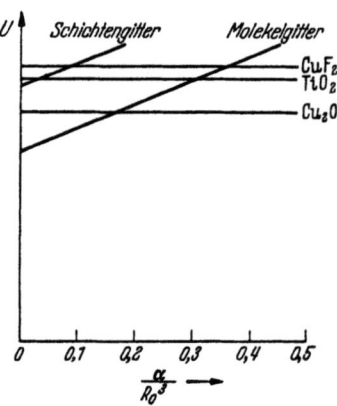

Abb. 53. Umwandlung von Koordinationsgittern in Schichten- und Molekelgitter bei zunehmender Polarisierbarkeit der Ionen.

Überlegungen ganz ähnlicher Art kann man bei Ionengittern anstellen und zeigen, daß bei hinreichend großer Anionenpolarisierbarkeit Schichtengitter und sogar Molekelgitter günstiger werden als Koordinationsgitter, bei denen wegen der sehr symmetrischen Umhüllung der Anionen durch Kationen Polarisationseffekte kaum eine Rolle spielen. Wie dieses Umklappen der Gitter nach HUND von der Polarisierbarkeit abhängt, zeigt Abb. 53.

Auch bei der Betrachtung von Komplexionen erweist es sich als nützlich, Polarisationswirkungen zu betrachten. So ist schon lange bemerkt worden, daß etwa die Ammine des Chroms fester sind als die Hydrate, obwohl das Dipolmoment des freien Wassermoleküls größer ist, als das des freien Ammoniakmoleküls, so daß nach der elementaren Theorie der Hydratkomplex stabiler sein sollte. Da aber die Liganden im Komplex unter der polarisierenden Wirkung des Zentralionenfeldes stehen, und die Polarisierbarkeit des Ammoniakmoleküls nun wieder größer ist, als die des Wassermoleküls, ist es durchaus vorstellbar, daß das effektive Dipolmoment des Ammoniakmoleküls im Komplex, das sich aus dem schon vorhandenen und dem durch Polarisation zusätzlich entstandenen zusammensetzt, größer ist, als das effektive Moment des Wassermoleküls im Komplex. Tatsächlich hat sich das ganz unabhängig, und zwar spektroskopisch bestätigen lassen.

Von der Betrachtung des elektrovalenten Grenzfalles wenden wir uns nun dem anderen Hauptfall lokalisierter Valenz, und zwar dem mit einer rein kovalenten Struktur zu.

Zunächst ist man versucht, bei der Aufzählung von Stoffklassen, die hierher gehören, auf jeden Fall mit den zweiatomigen Molekülen aus zwei gleichen Atomen zu beginnen. Nun besitzen zwar diese Moleküle wie H_2, O_2, N_2 usw. kein elektrisches Dipolmoment, in ihnen ist also die Kathodensubstanz ganz symmetrisch zur Mittelebene verteilt und in der Tat ist das etwa beim Wasserstoffmolekül die Folge davon, daß man dieses Gebilde als ein solches mit lokalisierter Valenz, und zwar mit einer Bindung zwischen den H-Atomen in erster Näherung beschreiben kann, aber selbst bei diesem einfachsten Fall muß man, wenn man die Genauigkeitsansprüche bei der Beschreibung steigert, eine geringfügige Beteiligung anderer und zwar polarer Valenzstrukturen am Grundzustand annehmen. Das klingt zunächst, da doch kein Dipolmoment vorliegt, sehr merkwürdig, wird aber gleich verständlich, wenn man feststellt, daß die polaren Strukturen

$$\overline{H}^{(-)} H^{(+)} \quad \text{und} \quad H^{(+)} \overline{H}^{(-)}$$

neben der Hauptstruktur

$$H—H$$

mit gleichen Koeffizienten am Grundzustand des Moleküls beteiligt sind, so daß sich an der Symmetrie der Ladungsverteilung dann natürlich nichts ändert. Von solchen Verfeinerungen abgesehen, bekommen wir einen guten Überblick über die Bindungsverhältnisse in den einfachen zweiatomigen Molekülen aus gleichen Atomen (C_2, N_2, O_2, F_2), wenn wir systematisch aus Paaren einander entsprechender Zustände in den verbundenen Atomen jeweils den bindenden und den lockernden Molekülzustand konstruieren und die Gesamtheit der erhaltenen Zustände dann „von unten an" mit den unterzubringenden Elektronen besetzen. Dabei können wir die $1s$-Zustände der Atome außer Betracht lassen, da sich deren ψ-Funktionen bei höheren Atomen wegen der steigenden Kernladungszahl zunehmend „kontrahieren" und sich dann bei normalen Kernabständen kaum mehr überlappen, so daß die beiden möglichen Überlagerungen keinen wesentlichen Bindungs- bzw. Lockerungseffekt mehr ergeben.

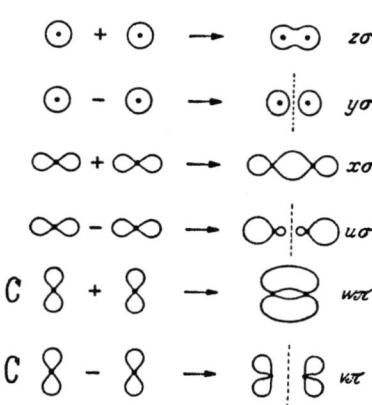

Abb. 54. Amplitudenfunktionen bindender und lockernder Normalwellen bei zweiatomigen Molekülen mit gleichen Atomen (schematisch).

Die atomaren $2s$-Zustände, die in der Regel energetisch tiefer liegen als die $2p$-Zustände, können sich dagegen zu einer wesentlich bindenden und zu einer wesentlich lockernden molekularen Normalwelle superponieren, die wir mit den üblichen Symbolen $z\sigma$ und $y\sigma$ bezeichnen. Die zugehörigen Amplitudenfunktionen, von denen also eine keine und eine eine Knotenstelle aufweist, sind in Abb. 54 schematisch dargestellt. Wenn die x-Achse mit der Kernverbindungslinie zusammenfällt, lassen sich nun vor allem aus den beiden Atomzuständen $2px$ zwei Molekülzustände aufbauen, die wegen der relativ starken Überlagerung (s. Abb. 54) relativ stark bindend bzw. lockernd wirken. Wir bezeichnen sie mit den Symbolen $x\sigma$ und $u\sigma$. Wegen des energetischen Unterschiedes der Atomzustände $2s$ und $2p$ liegt die charakteristische Energie von $x\sigma$ in der Regel noch über der des „lockernden" Zustandes $y\sigma$. Die jeweils zwei Überlagerungen, die sich aus den entsprechenden Atomzuständen $2py$ und $2pz$ bilden lassen, entsprechen einander aus geometrischen Äquivalenzgründen (s. Abb. 54). Die beiden bindenden Zustände, die einander energetisch gleichwertig sind, bezeichnen wir zusammenfassend mit dem *einen* Symbol $w\pi$, die beiden lockernden mit $v\pi$. Der Bindungs- oder

3. Vorlesung. 85

Lockerungseffekt bei $w\pi$ bzw. $v\pi$ ist nur geringfügig, da sich die Amplitudenfunktionen der Atomzustände $2py$ und $2pz$ im Gegensatz zu der von $2px$ nur seitlich überdecken können. Deshalb liegt auch der energetisch lockernde Zustand $u\sigma$, den wir schon kennengelernt haben, in der Regel sogar noch über $v\pi$.

Nun können wir jedem der genannten zweiatomigen Moleküle eine Elektronenkonfiguration zuordnen und erhalten in Anbetracht der Tatsache, daß die energetische Reihenfolge der Molekülzustände aus den angegebenen Gründen durch

$$z\sigma, y\sigma, x\sigma, w\pi, v\pi, u\sigma$$

gegeben ist, schließlich

Zahl der Bindg.

C_2 $z\sigma^2\, y\sigma^2\, x\sigma^2\, w\pi^2$ . . . 2

N_2 $z\sigma^2\, y\sigma^2\, x\sigma^2\, w\pi^4$ . . . 3

O_2 $z\sigma^2\, y\sigma^2\, x\sigma^2\, w\pi^4\, v\pi^2$. 2

F_2 $z\sigma^2\, y\sigma^2\, x\sigma^2\, w\pi^4\, v\pi^4$. 1

Wenn wir von der Zahl der Elektronen in bindenden Zuständen diejenige der Elektronen in lockernden Zuständen abziehen und durch 2 teilen, bekommen wir die angegebenen Zahlen der Bindungen.

Während bei N_2 und F_2 der oberste noch besetzte Zustand auch immer vollständig besetzt ist und deshalb notwendig auch vollkommene Spinkompensation eintritt, ist die Besetzung des obersten (zweifachen) Zustandes bei O_2 unvollständig. Die beiden Elektronen im Zustandspaar $v\pi$ müssen sich deshalb nach der HUNDschen Regel so verteilen, daß ihre Spinvektoren parallel stehen. Das sollte paramagnetisches Verhalten des O_2 zur Folge haben. In der Tat ist Sauerstoff eines der wenigen paramagnetischen Gase.

Neben den zweiatomigen Molekülen mit gleichen Atomen verdient eine große Gruppe von Verbindungen als Prototyp für lokalisierte Valenz mit kovalenter Struktur unser Interesse, und zwar die der organischen Kohlenstoffverbindungen unter Ausschluß derjenigen mit konjugierten Doppelbindungen, denen wir später in einer anderen Klasse begegnen.

Der Diamant als Stammsubstanz der aliphatischen Chemie ist allem Anschein nach in nahezu idealer Weise ein Beispielfall für lokalisierte Kovalenz. Er ist der Prototyp eines „Atomgitters", dessen Bausteine durch normale Kovalenzen zusammengehalten werden und er zeigt, daß Makromolekülbildung, die bei den Ionenverbindungen die Regel ist, auch im Bereich lokalisierter Kovalenz vorkommen kann.

Im Bereich der nichtkonjugierten organischen Verbindungen gelten einige wichtige Regelmäßigkeiten, die im Rahmen der quantitativen Bindungstheorie einfach deshalb noch nicht als Resultate der Deduktion erhalten oder abgeleitet worden sind, weil die entsprechenden mathematischen Probleme fast hoffnungslos kompliziert sind. Da wir aber wirklich keinen Grund zu der Annahme haben, daß die Analyse dieser Regelmäßigkeiten einmal Einsichten ermöglichen wird, die eine völlige Revision der Grundlagen der Bindungstheorie nötigmachen würden, können wir sie zunächst einmal als empirische Fakten hinnehmen und kennenlernen.

Die erste Regelmäßigkeit bezieht sich auf die Atomabstände und sie besagt, daß sich bei den Molekülen der in Rede stehenden Verbindungen, ebenso wie bei den Ionenkristallen, die Normalatomabstände in sehr guter Näherung aus Atomradien additiv errechnen lassen. Die Tab. 10 enthält ein System von Radienwerten, das sich sehr gut bewährt hat.

Tabelle 10. *Atomradien* (Å).

	H 0,30 Li 1,34	B 0,88	C 0,77 0,67 0,60	N 0,74 0,61 0,55	O 0,74 0,57	F 0,72
Einfachbindung ..						
Doppelbindung ..						
Dreifachbindung .						
	Na 1,54		Si 1,17	P 1,10	S 1,04	Cl 0,99
	K 1,96		Ge 1,22	As 1,21	Se 1,17	Br 1,14
	Rb 2,11		Sn 1,40	Sb 1,41	Te 1,37	J 1,33
	Cs 2,25					

Die zweite Regelmäßigkeit betrifft die Bindungsenergien der Moleküle. Es hat sich herausgestellt, daß sich diese Größe ebenfalls in recht guter Näherung additiv aus Bindungsbeiträgen errechnen lassen, so daß also nach dieser Regel die immerhin denkbaren Wechselwirkungen zwischen „nicht gebundenen" Atomen jedenfalls formal nichts zur Bindungsenergie beitragen. Als „nichtgebunden" bezeichnen wir Atome dann, wenn sich zwischen ihnen in der Formel kein Bindestrich befindet. In der Tab. 11 sind

Tabelle 11. *Bindungskonstanten für Einfachbindungen nach* PAULING (in kcal/Mol).

H—H	103,4	O—H	110,2	Si—J	51,1
C—C	58,6	S—H	87,5	Ge—Cl	104,1
Si—Si	42,5	Se—H	73,0	N—F	68,8
Ge—Ge	42,5	H—F	(147,5)	N—Cl	38,4
N—N	20,0	H—Cl	102,7	P—Cl	62,8
P—P	18,9	H—Br	87,3	P—Br	49,2
As—As	15,1	H—J	71,4	P—J	35,2
O—O	34,9	C—Si	57,6	As—Cl	60,3
S—S	63,8	C—N	48,6	As—Br	48,0
Se—Se	57,6	C—O	70,0	As—J	33,1
F—F	63,5	C—S	54,5	O—F	58,6
Cl—Cl	57,8	C—F	107,0	O—Cl	49,3
Br—Br	46,1	C—Cl	66,5	S—Cl	66,1
J—J	36,2	C—Br	54,0	C—Br	57,2
C—H	87,3	C—J	45,5	S—Cl	66,8
Si—H	75,1	Si—O	89,3	Cl—F	86,4
N—H	83,7	Si—S	60,9	Br—Cl	52,7
P—H	63,0	Si—F	143,0	J—Cl	51,0
As—H	47,3	Si—Cl	85,8	J—Br	42,9
		Si—Br	69,3		

Bindungskonstanten angegeben. Zu den Absolutwerten ist festzustellen, daß die bisher immer noch unsichere Sublimationsenergie des Diamanten in manche Konstanten eingeht. Die damit eintretende Willkür ist aber natürlich völlig ohne Belang, wenn man durch Differenzbildung aus additiv errechneten Bindungsenergien *Reaktions*energien (für Reaktionen ohne Diamant als Reaktionspartner) errechnet.

Tabelle 12. *Bindungskonstanten für Mehrfachbindungen nach* PAULING (in kcal/Mol).

C=C	100	
C≡C	123	
C=O	142	(aus CH_2O)
C=O	149	(aus anderen Aldehyden)
C=O	152	(aus Ketonen)
C=N	94	
C≡N	144	(aus HCN)
C≡N	150	(aus Nitrilen)
C=S	103	
O=O	96	
N≡N	170	

Es ist sehr wichtig, sich klarzumachen, daß die formalen Bindungskonstanten der Tab. 11 gar nichts mit den Trennungsenergien der Bindungen zu tun haben. Wenn man z. B. aus dem

CH$_4$-Molekül ein H-Atom abtrennt, hat man 101 kcal/Mol aufzuwenden. Diese Energie ist größer als die CH-Bindungskonstante. Trotzdem besteht kein Widerspruch, da nur die Summe der vier durchaus verschiedenen Trennungsenergien (Tab. 13) CH$_3$—H, CH$_2$—H, CH—H, C—H gleich dem Vierfachen der Bindungskonstanten CH sein muß (falls bei deren Ermittlung der richtige Wert für die Sublimationsenergie des Diamanten verwendet worden ist). Daß die vier beim Methan auftretenden Trennungsenergien verschieden sind, zeigt deutlich, daß die Additivitätsregel, die für normale nicht konjugierte organische Moleküle recht gut gilt, bei Radikalen, wie CH$_3$, versagt.

Tabelle 13. *Trennungsenergien* (kcal/Mol).

CH$_3$—H	101
CH$_2$—H	79
CH—H	89
C—H	80

Die Behauptung, Moleküle nicht konjugierter organischer Verbindungen seien Gebilde mit lokalisierter Kovalenz, wird natürlich um so fragwürdiger, je häufiger in einem solchen Molekül Nachbarpaare von Atomen vorkommen, für die die Differenz ihrer Elektronegativitätswerte groß ist. In solchen Fällen wird man in nächster Näherung sicher polare Strukturen mitberücksichtigen müssen. Für diese Fälle, die dann vor allem auch im anorganischen Bereich zu finden sind, ist die Abstandsregel so zu modifizieren, daß die beobachteten Abstände im allgemeinen kleiner als die nach der Additivitätsregel berechneten sind. Für die energetischen „Bindungskonstanten" —, wobei „Bindung" bei einsetzender Delokalisierung natürlich mehr und mehr nur noch als Nachbarpaar von Atomen zu verstehen ist, die immerhin in der Registrierformel bei noch überwiegender Kovalenz durch einen Strich verbunden sind —, gilt eine bemerkenswerte Regelmäßigkeit derart, daß die Bindungskonstante $X - Y$, die bei reiner Kovalenz recht gut das arithmetische Mittel der Konstanten $X - X$ und $Y - Y$ ist, sich jetzt von diesem um den Betrag ΔE im Sinne einer Verfestigung des Gesamtmoleküls unterscheidet, wobei ΔE mit den Elektronegativitäten Z_x und Z_y der verbundenen Atome nach

$$0{,}208 \sqrt{\Delta E} = Z_x - Z_y \tag{93}$$

zusammenhängt. Wenn man die Elektronegativitäten so berechnet, wie wir das oben angegeben haben, ergeben sich die in Abb. 55 zusammengestellten Werte. Man sieht deutlich, wie die Elektro-

3. Vorlesung. 89

negativität mit der Stellung der Elemente im periodischen System eng zusammenhängt. Nachdem wir jetzt Übergangsfälle von lokalisierter Valenz zu mesomeren Systemen kennengelernt haben, wollen wir nun typisch mesomere Systeme betrachten und unter diesen zunächst als Prototypen Moleküle mit sog. äquivalenten Strukturen.

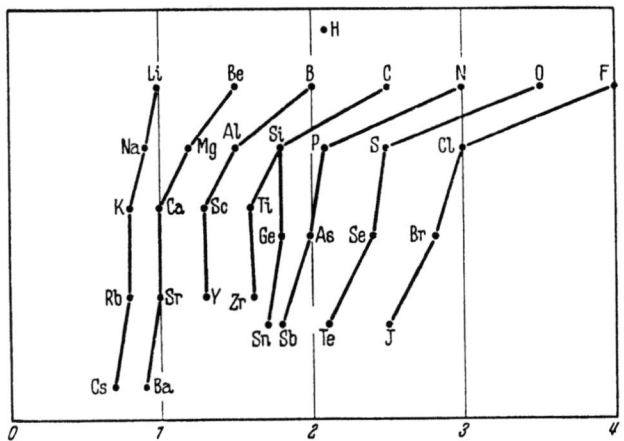

Abb. 55. Elektronegativitäten nach PAULING.

Da wir schon wissen, daß Stickstoff als Element der ersten Achterperiode höchstens vierbindig sein kann, kommen für die Formulierung von Nitroverbindungen zwei Formeln in Frage:

$$R-\overset{(+)}{N}\begin{smallmatrix}\nearrow O \searrow \\ \searrow O \nearrow\end{smallmatrix}^{(-)} \quad \text{und} \quad R-\overset{(+)}{N}\begin{smallmatrix}\nearrow O \searrow \\ \searrow O \nearrow\end{smallmatrix}^{(-)}$$

Die beiden damit beschriebenen Valenzstrukturen sind einander aus geometrischen Gründen äquivalent. Am Grundzustand des Moleküls sind sie sicher in gleicher Weise beteiligt. Da ihnen isoliert gleiche charakteristische Energien entsprechen, liegt für die dann gleichen zwei Pendel, auf die wir die beiden Strukturen abbilden können, der ideale Resonanzfall vor und die mit dem Auftreten der Mesomerie verknüpfte anomale Energieerniedrigung muß hier und bei ähnlichen Fällen besonders groß sein. Dieser energetische Effekt läßt sich besser demonstrieren, wenn man Alkohole mit Carbonsäuren vergleicht. Beide Verbindungsklassen können formal Wasserstoffionen abdissoziieren. Tatsächlich tun das in merklichem Umfang aber nur die Säuren. Das wird verständlich, wenn man bedenkt, daß bei der Dissoziation der Alkohole das Alkoholation

$$R—\overline{\underline{O}}|^{(-)}$$

mit praktisch lokalisierter Valenz, bei der Dissoziation der Carbonsäuren aber das Carboxylation entsteht, das zwei äquivalente Strukturen besitzt:

$$R—C\begin{matrix}\nearrow\overline{\underline{O}}|^{(-)}\\\searrow\underline{\overline{O}}|\end{matrix} \quad \text{und} \quad R—C\begin{matrix}\nearrow\overline{\underline{O}}|\\\searrow\underline{\overline{O}}|^{(-)}\end{matrix},$$

Dieses Ion ist also typisch mesomer und weist deshalb einen besonders niedrigen Energieinhalt auf, so daß seine Entstehung durch Dissoziation der Säure energetisch begünstigt wird.

Gebilde mit drei äquivalenten Strukturen wären etwa das Carbonation

und das Nitration

Auch beim Guanidiniumion existieren drei Strukturen

3. Vorlesung.

während sich für Guanidin selbst zunächst nur eine Struktur anschreiben läßt:

$$\begin{array}{c} \text{H} \\ \diagup \\ \text{N} \\ \| \\ \text{C} \\ \diagup \quad \diagdown \\ \text{H—N} \quad \text{N—H}\; . \\ \diagdown \; \diagup \\ \text{H} \; \text{H} \end{array}$$

Mit der Mesomerie der äquivalenten Guanidiniumstrukturen hängt ganz offensichtlich die besonders starke Protonenanlagerungstendenz oder Basizität des Guanidins zusammen. Dafür spricht auch die Tatsache, daß Mono- und Dialkylguanidine weniger basisch sind als Guanidin selbst, während symmetrisch substituierte Trialkylguanidine wieder die hohe Basizität des Guanidins besitzen.

Ein äußerst wichtiges Beispiel für den Fall äquivalenter Strukturen gibt das Benzol, der Grundkörper der aromatischen Verbindungen, ab.

Die Äquivalenz der beiden Valenzstrukturen

spielt in der Chemie des Benzols, wenn sie auch ursprünglich als Tautomerie aufgefaßt wurde, seit KÉKULÉ eine Rolle. Andere ebenso denkbare Valenzstrukturen leiten sich von der DEWARschen Benzolformel her:

Hier sind im Unterschied zu den KÉKULÉ-Strukturen auch jeweils π-Elektronen zu einem Paar zusammengefaßt, die, obwohl sie (mit antiparallelen Spins) eine „bindende" Normalwelle besetzen, trotzdem praktisch nicht bindend wirken. Die dem langen Bindungsstrich entsprechende Normalwelle ist zwar ihrem Symmetriecharakter nach bindend, weil sie keine Knotenfläche besitzt. Tatsächlich kommt aber einfach deswegen kein energetischer Bindungseffekt zustande, weil die atomaren Normalwellen, aus deren Amplitudenfunktionen die knotenlose Kombination gebildet wird, im Falle der „langen" Bindung weiter voneinander entfernten

Atomen zugehören, so daß es praktisch zu keiner Überlappung kommt.

Außer den angeschriebenen sind auch bei Beschränkung auf kovalente Strukturen natürlich noch weitere Strukturen denkbar, wie etwa

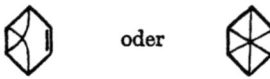
oder

Ähnlich aber, wie z. B. im Raum höchstens drei Vektoren voneinander unabhängig sind, so daß man jeden vierten durch Zusammensetzung von drei gegebenen mit entsprechendem Koeffizienten herstellen kann, sind in einem System mit $2n$ Valenzelektronen (hier handelt es sich um die sechs π-Elektronen des Benzols) nicht alle Valenzstrukturen voneinander unabhängig. Vielmehr lassen sich alle durch Überlagerung von

$$\frac{(2n)!}{(n+1)!\,n!} \tag{94}$$

auf verschiedene Weise auswählbaren Grundstrukturen ausdrücken.

Bei unserem Problem ist diese Zahl 5. Der Grundzustand des π-Elektronensystems des Benzols (von dem wir jetzt nur mehr sprechen, da das System der σ-Bindungen lokalisiert ist) kann also z. B. durch Überlagerung der zwei KÉKULÉ- und der drei DEWAR-Strukturen beschrieben werden.

Während bei Benzol diese Strukturen zu zweien bzw. zu dreien äquivalent sind, liegt eine strenge Äquivalenz z. B. bei Butadien nicht mehr vor. Vielmehr sind die beiden als Grundstrukturen wählbaren Strukturen

$$CH_2=CH-CH=CH_2 \text{ und } \overline{CH_2-CH=CH-CH_2}$$

jetzt nicht mehr geometrisch gleichwertig. Dagegen wird diese Gleichwertigkeit bei hinreichend langen Ketten praktisch wieder erreicht:

$$-CH=CH-CH=CH-CH=CH-$$
$$\sim =CH-CH=CH-CH=CH-CH=.$$

Wenn nun, wie beim Benzol oder bei einer längeren Polyenkette, der Doppelbindungsstrich von einem C-Atom aus zum einen oder zum anderen Nachbarn gleichberechtigt gezogen werden kann, ist es zwar weiterhin ohne weiteres möglich, aber recht unzweck-

3. Vorlesung.

mäßig, die einzelnen Valenzstrukturen durch je doppelte Anregung bindender Normalwellen zu beschreiben, die sich je über zwei Nachbaratome erstrecken. Bei der Überlagerung der Valenzstrukturen wird diese Lokalisierung der Elektronen auf Nachbaratompaare nämlich weitgehend aufgehoben. In solchen Fällen ist es viel sinnvoller, eine andere Beschreibung der Molekülzustände einzuführen, die zunächst recht verschieden von der bisherigen aussieht, die aber aus den eben angegebenen Gründen auf dasselbe hinausläuft.

Bei dieser Beschreibung sucht man Normalwellen des Problems auf, die sich über das ganze Molekül erstrecken dürfen, so daß Elektronen, die einen solchen Zustand besetzen, gewissermaßen im ganzen Molekül umherlaufen können. Durch entsprechende Anregung solcher durch das ganze Molekül sich erstreckender Normalwellen kann man dann den Grundzustand des Moleküls direkt herstellen, während man nach der ursprünglichen hier recht künstlich wirkenden Methode erst eine ganze Zahl von Valenzstrukturen konstruieren und diese dann überlagern mußte. Die ursprüngliche Methode schließt sich, wie wir festgestellt haben, eng an die Formulierungsgewohnheiten des Chemikers an, der die Mesomerie in Kauf nahm, um seine einfachen Symbole als solche nicht aufgeben zu müssen. Es hat aber sicher keinen Zweck mehr, in diesem Punkt auch da noch konsequent zu sein, wo wir uns den leichten Einblick praktisch unmöglich machen würden, indem wir eine für den jetzt vorliegenden Fall denkbar unzweckmäßige Sprache verwenden wollten.

Wir gehen also jetzt von der Annahme aus, daß sich etwa die π-Elektronen eines Polyens längs der ganzen Molekülkette bewegen können und wir vereinfachen das Feld, in dem sie sich bewegen, ganz radikal, indem wir annehmen, daß ihre potentielle Energie längs der Kette konstant sei, dort also keine Kräfte auf sie wirken. Damit behandeln wir das Polyenmolekül praktisch wie ein Stück Draht, in dem sich ebenfalls Elektronen praktisch frei bewegen können. Von der Untersuchung der Bewegungsvorgänge senkrecht zur Molekülachse können wir absehen, da sie lediglich einen konstanten Summanden zu den jeweiligen Energiewerten erbringen würde. Damit reduziert sich die theoretische Behandlung des π-Elektronensystems der Polyenmoleküle auf die Untersuchung der Bewegung von Kathodensubstanz in einem linearen Kasten der

Tabelle 14. π-Elektronenenergien (E_π) und Konjugationsenergien (E_k) (Einheit β) nach HÜCKEL.

	E_π	E_k
Äthylen	2,00	0
Butadien	4,47	0,47
Hexatrien	6,99	0,99
Octatetraen	9,52	1,52
Allyl	2,83	—
Pentadienyl	5,54	—
Heptatrienyl	8,05	—
Cyclopentadienyl	5,854	—
Benzol	8,000	2,000
Heptatrienyl	8,54	—
Cyclooctatetraen (formal, ebene Konf.)	9,657	1,657
Naphthalin	13,683	3,683
Anthracen	19,314	5,314
Tetracen	24,932	6,932
Pentacen	30,544	8,544
Hexacen	36,12	10,12
Heptacen	41,74	11,74
Phenanthren	19,448	5,448
Benz-1,2-Anthracen	25,101	7,101
Benz-3,4-Phenanthren	25,187	7,187
Chrysen	25,190	7,190
Triphenylen	25,275	7,275
Pyren	22,506	6,506
Pentaphen	30,763	8,763
Dibenz-1,2,3,4-Anthracen	30,942	8,942
Dibenz-1,2,5,6-Anthracen	30,880	8,880
Dibenz-1,2,7,8-Anthracen	30,879	8,879
Picen	30,943	8,943
Perylen	28,245	8,245
Coronen	34,572	10,572
Diphenyl	16,383	4,383
p-Diphenylbenzol	24,772	6,772
o-Diphenylbenzol	24,777	6,777
m-Diphenylbenzol	24,766	6,766
p-Quaterphenyl	33,16	9,16
Triphenyl-1,3,5-Benzol	33,15	9,15
9,10-Diphenylanthracen	36,171	10,171
Styrol	10,424	2,424
α-Vinylnaphthalin	16,12	4,12
β-Vinylnaphthalin	16,10	4,10
α-Vinylanthracen	21,74	5,74
β-Vinylanthracen	21,72	5,72
m-Vinylanthracen	21,79	5,79

3. Vorlesung.

Tabelle 14. (Fortsetzung.)

	E_n	E_k
Stilben	18,878	4,878
α, α-Diphenyläthylen	18,815	4,815
α, α-Di-β-Naphthyläthylen	30,142	8,142
Tetraphenyläthylen	35,719	9,719
Diphenylbutadien	24,401	8,401
Phenylhexatrien	14,971	2,971
Triphenylmethyl	25,794	
Diphenyl-Xenyl-Methyl	34,202	
Phenyl-Dixenyl-Methyl	42,607	
Trixenylmethyl	51,008	
p-Xenylmethyl	17,139	
m-Xenylmethyl	17,101	
Diphenyl-m-Xenylmethyl	34,177	
p-Terphenylmethyl	24,772	
Diphenyl-p-Terphenylmethyl	42,602	
Diphenyl-β-Naphthylmethyl	31,483	
p-Stilbenylmethyl	19,664	
Diphenyl-p-Stilbenylmethyl	36,714	
Di-β-Naphthylmethyl	28,698	
Pentaphenylcyclopentadienyl	48,15	

Länge Na, wobei N die Zahl der Kohlenstoffatome und damit gleichzeitig die Zahl der π-Elektronen und a die „Länge" eines Atoms bezeichnet.

Wir wissen bereits, daß die charakteristischen Energien der Normalwellen in diesem Fall durch

$$E_n = \frac{n^2 h^2}{8 m N^2 a^2} = \frac{n^2}{N^2} E_K \qquad E_K = \frac{h^2}{8 m a^2} \qquad (95)$$

gegeben sind. Um die Energie $E(N)$ des Grundzustandes des gesamten π-Elektronensystems zu bekommen, haben wir nun die $N/2$ tiefsten Normalwellen je zweifach anzuregen, so daß wir

$$E(N) = 2\left(E_1 + E_2 + \cdots + E_{N/2}\right) = \frac{(N+1)(N+2)}{12 N} E_K \qquad (96)$$

erhalten. Speziell für die ersten Stoffe aus der Reihe der Polyene (Äthylen, Butadien, Hexatrien) ergibt sich:

$$E(2) = 0.5\, E_K \qquad E(4) = 0.625\, E_K \qquad E(6) = 0.778\, E_K.$$

Vergleichen wir nun die π-Elektronenenergie des Butadiens und des Hexatriens mit der von zwei bzw. drei Äthylenmolekülen, so sehen wir, daß diese Energien um

0,375 E_K bzw.   0,722 E_K

tiefer liegen, als man bei einfacher Additivität erwarten sollte. Die zusätzliche Verfestigung des π-Elektronensystems des Butadiens um 0,375 E_K gegenüber zwei isolierten nichtkonjugierten Doppelbindungen bezeichnen wir als Konjugationsenergie. Die Konjugationsenergie unterscheidet sich von der in der Literatur häufig gebrauchten Größe Resonanzenergie um ein additives Glied, das der Zahl der „zwischen" je zwei Doppelbindungen liegenden Einfachbindungen proportional ist. Den Proportionalitätsfaktor nennen wir $-C$. Dann ist, wenn wir die Konjugationsenergie mit E_k, die Resonanzenergie mit E_r und die Zahl der Einfachbindungen zwischen Doppelbindungen mit z bezeichnen

$$E_r = E_k - zC \ . \tag{97}$$

Wie zu erwarten war, ist die Konjugationsenergie bei Hexatrien (0,722 E_K) noch größer als bei Butadien und die Theorie erklärt damit die bei weiterer Konjugation zunehmende Verfestigung der π-Elektronensysteme.

In Tab. 14 haben wir für eine Reihe von π-Elektronensystemen die π-Elektronenenergien und die sich daraus ergebenden Konjugationsenergien als Vielfache einer Energiegröße β angegeben, deren Wert etwa 40 kcal/Mol beträgt. Die Zahlen der Tabelle sind mit einem Näherungsverfahren berechnet, das etwas besser ist, als das von uns verwendete. Auch dieses von HÜCKEL begründete Verfahren liefert aber z. B. das Ergebnis, daß die Konjugationsenergie des Hexatriens etwa doppelt so groß sein sollte wie die des Butadiens, so daß unsere ganz einfache Methode also recht gut gerechtfertigt erscheint.

Aus der Tabelle können wir sofort noch entnehmen, daß die Konjugationsenergie des Benzols um 1,01 β größer als die des Hexatriens ist. Andererseits ist der Wert von z für Benzol um eins größer als für Hexatrien. Da aber C kleiner als β ist, ergibt sich, daß das π-Elektronensystem des Benzols stärker stabilisiert ist als das des Hexatriens. Man kommt also auf diese Weise zu einem Verständnis des besonderen „aromatischen" Charakters des Benzols.

Derartige Argumentationen mit Resonanzenergiewerten bedurfen aber nun noch insofern einer Rechtfertigung, als erst noch nachgewiesen werden muß, daß bei den interessierenden Molekülen die übrigen, also in gewissem Sinn normalen Anteile der Bindungsenergie sich wie gewöhnlich additiv aus Bindungskonstanten aufbauen lassen und zu diesem normalen Anteil E_a, den wir den additiven nennen wollen, die Resonanzenergie E_r dann hinzukommt. Unsere Hypothese lautet also, daß für die Bindungsenergie bei Molekülen konjugierter Verbindungen

$$E = E_a + E_r \tag{98}$$

gilt. Da insbesondere die Beiträge der σ-Bindungssysteme der interessierenden Moleküle zur gesamten Bindungsenergie rechnerisch bisher nicht mit ausreichender Sicherheit ermittelt werden konnten, können wir unsere Hypothese zunächst nur durch Vergleich mit empirischen Daten prüfen. Besonders günstig liegen dafür die Verhältnisse bei Gruppen von Stoffen, die jeweils gleiche Anzahlen gleichwertiger Bindungen aufweisen und deren Bindungsenergien sich also nur in den E_r-Gliedern unterscheiden sollten. Eine solche Gruppe von Stoffen bilden die fünf Kohlenwasserstoffe, welche durch Kondensation aus vier Benzolringen entstanden gedacht werden können.

In Tab. 15 sind die Differenzen der Resonanzenergien (immer bezogen auf Triphenylen) angegeben, die sich bei der Rechnung ergeben und ihnen sind die aus Präzisionsmessungen der Verbrennungswärmen und Sublimationswärmen unter Annahme der Gültigkeit der Beziehung (98) ermittelten experimentellen Differenzen gegenübergestellt. Man kann bei allen Stoffen, außer bei Benzphenanthren, eine überraschend gute Übereinstimmung zwischen Experiment und Theorie feststellen, die um so erstaunlicher ist, als die experimentellen Zahlen Differenzen sehr viel größerer Zahlen darstellen. Bei Benzphenanthren war der theoretische Wert wie bei allen anderen Stoffen der Gruppe unter der Annahme errechnet worden, daß das Molekül eben gebaut ist, so daß zwischen allen Paaren von p-Amplitudenfunktionen an benachbarten Kohlenstoffatomen eine gleichmäßig gute seitliche Überdeckung (und damit eine hohe Resonanzenergie) möglich ist. Erst der Vergleich mit den gemessenen Werten hat die Theoretiker (die in diesem Fall dieselben Personen wie die Experimentatoren waren) darauf aufmerksam gemacht, daß beim Benzphenanthrenmolekül, als dem einzigen Molekül der betrachteten Gruppe, die Wechselwirkung zweier H-Atome die streng ebene Molekülform unmöglich macht (s. Abb. 56) und die Rechnung also unter falschen Voraus-

Tabelle 15. *Unterschiede der Resonanzenergien* (kcal/Mol).

		Experiment	Theorie
Triphenylen		0	0
Chrysen		1,32	1,31
Benzphenanthren		8,04	1,49
Tetraphen		5,37	4,48
Tetracen		6,16	6,16

setzungen angestellt war. Sowohl die beobachtete Abweichung des experimentellen von dem „theoretischen" Wert als auch die

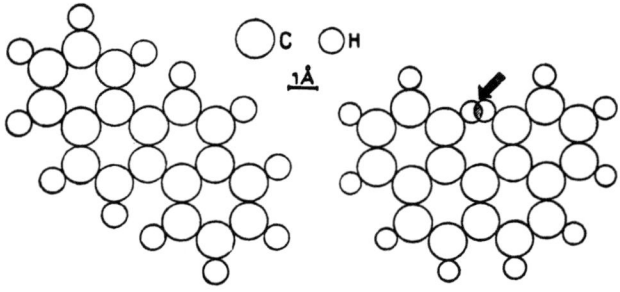

Abb. 56. Chrysen und Benzphenanthren (schematisch).

Richtung der Abweichung (nämlich nach einem kleineren Resonanzenergiewert hin) sind also verständlich, so daß insgesamt die Hypothese (98) der Prüfung an experimentellem Material ausgezeichnet standgehalten hat und weiteren Überlegungen mit einigem Recht zugrunde gelegt werden kann. Nachdem uns die Theorie schon die Erklärung für den aromatischen Charakter des Benzols geliefert hat, muß es natürlich interessant sein, die Verhältnisse bei den quasiaromatischen Fünfer-Heterocyclen zu untersuchen. Wir gehen dazu von der Betrachtung des Cyclopentadienylradikals C_5H_5 aus, das fünf π-Elektronen besitzt. Die charakteristischen Energien der molekularen Normalwellen sind für diesen Fall in Abb. 57a eingezeichnet. Die gestrichelte Linie, welche hier als Energienullpunkt gewählt ist, bezeichnet die Lage des ursprünglichen atomaren $2p$-Zustandes. Die beiden höheren Zustände, von denen aber einer noch unter Null liegt, sind je doppelt, so daß jeder vier Elektronen aufnehmen kann. Das Besetzungsschema für den Grundzustand des Cyclopentadienylradikals ist in Abb. 57b angegeben. Wir bemerken sofort, daß dieses Radikal noch ein weiteres Elektron unter

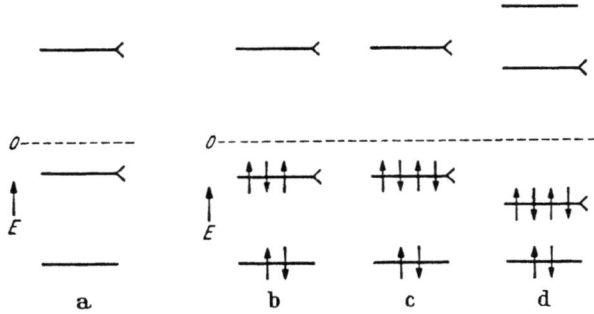

Abb. 57. Termschemata von Ringsystemen.

Energiegewinn müßte aufnehmen können. C_5H_5 sollte also eine endliche Elektronenaffinität besitzen und danach tendieren, in das Ion $C_5H_5^-$ (mit sechs π-Elektronen) überzugehen. Tatsächlich wird bei der Reaktion

$$C_5H_6 + K \rightarrow [C_5H_5]K + 1/2 H_2$$

offensichtlich dieses Ion gebildet. Die Bildung des Cyclopentadienylkaliums findet also eine zwanglose Erklärung durch das Termschema der Abb. 57.

Nun unterscheidet sich das Termschema für die (jeweils sechs) π-Elektronen der Heterocyclen

$$\begin{array}{c} HC=CH \\ HC \quad CH \\ \diagdown N \diagup \\ | \\ H \end{array} \quad \text{und} \quad \begin{array}{c} HC=CH \\ HC \quad CH \\ \diagdown O \diagup \end{array}$$

sicher quantitativ aber kaum qualitativ von dem des verwandten Cyclopentadienylradikals und es wird damit anhand der Abb. 57c sofort deutlich, wieso bei diesen Stoffen die Gruppe der sechs π-Elektronen eine abgeschlossene und stabile Gruppe ist, die der des Benzolmoleküls mit dem Besetzungsschema der Abb. 57d weitgehend analog ist.

Wir wollen nun zeigen, wie der Chemiker aus dem Zahlenmaterial der Tab. 14 in der verschiedensten Weise Nutzen ziehen kann und behandeln als erstes Beispiel die Frage nach denjenigen Isomeren der Hydroaromaten, die bei der Hydrierung aromatischer Kohlenwasserstoffe jeweils wirklich gebildet werden. Wenn man die anhand des empirischen Materials recht plausible Hypothese macht, daß die Umwandlungsgeschwindigkeiten der Hydroaromaten ineinander unter Reaktionsbedingungen hinreichend groß sind, sollten das — jedenfalls bei tieferen Temperaturen — diejenigen mit der maximalen Bindungsenergie sein. Wenn man nun für Naphthalin und andere Kohlenwasserstoffe für alle denkbaren Fälle den zur Verringerung der Resonanzenergie nötigen Energieaufwand mit den Zahlen der Tab. 14 berechnet, auf solche Weise den Fall mit dem geringsten notwendigen Energieaufwand ausfindig macht und dann durch Differenzbildung die Umwandlungsenergien des günstigsten Isomeren in die ungünstigeren bestimmt, erhält man die in der Tab. 16 zusammengestellten Resultate. Der Vergleich mit dem experimentellen Material zeigt, daß tatsächlich in allen diskutierten Fällen die Aussagen der Theorie bestätigt werden, Die Übereinstimmung geht so weit, daß z. B. 9,10-Dihydroanthracen, das der Weiterhydrierung unterworfen wird, unter Wanderung der meso-H-Atome 1,2,3,4-Tetrahydroanthracen liefert.

Als nächstes Beispiel behandeln wir die Gleichgewichte, die sich bei der Addition von Maleinsäureanhydrid an Anthracen und anthracenähnliche aromatische Kohlenwasserstoffe nach

HC—C
O
HC—C
O
O
H
C—C
H
O
O
H
C—C
H
O

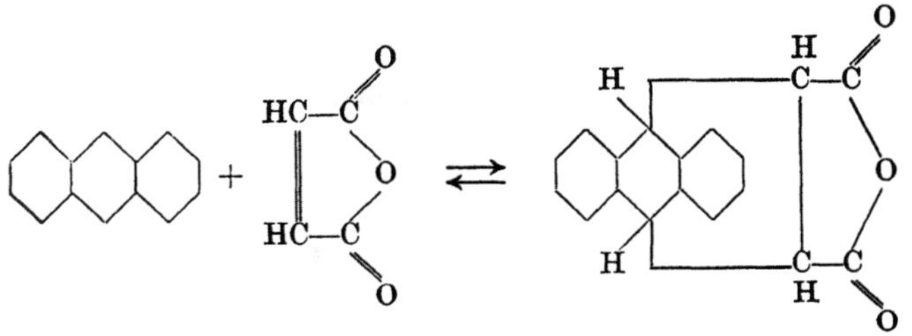

Tabelle 16. *Umwandlungsenergien isomerer Hydroaromaten (Einheit β).*

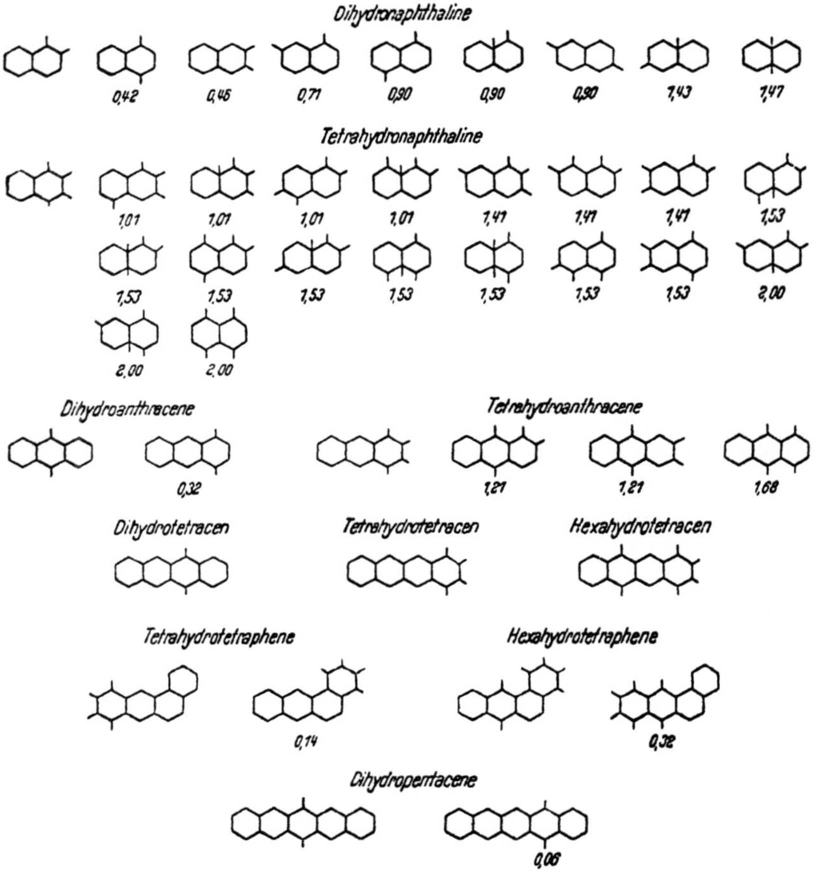

Dihydronaphthaline
0,42
0,46
0,71
0,90
0,90
0,90
1,43
1,47
Tetrahydronaphthaline
1,01
1,01
1,01
1,01
1,41
1,41
1,41
1,53
1,53
1,53
1,53
1,53
1,53
1,53
1,53
2,00
2,00
2,00
Dihydroanthracene
0,32
Tetrahydroanthracene
1,21
1,21
1,68
Dihydrotetracen
Tetrahydrotetracen
Hexahydrotetracen
Tetrahydrotetraphene
0,14
Hexahydrotetraphene
0,32
Dihydropentacene
0,06

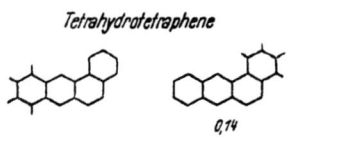

einstellen. Bei der Bildung der endocyclischen Bernsteinsäurederivate muß die Resonanzenergie des ursprünglichen aromatischen Systems verringert werden, da dieses bei der Addition in zwei Teilsysteme „aufgespalten" wird, die durch gesättigte Molekülteile voneinander getrennt sind. In Tab. 17 sind für die durch Pfeile angedeuteten Additionen ohne Berücksichtigung der für alle betrachteten Fälle jeweils gleichen C-Glieder die jeweils zur Aufspaltung aufzuwendenden Energiebeträge zusammengestellt, die sich wieder aus den Zahlen der Tab. 14 leicht errechnen lassen.

Tabelle 17.

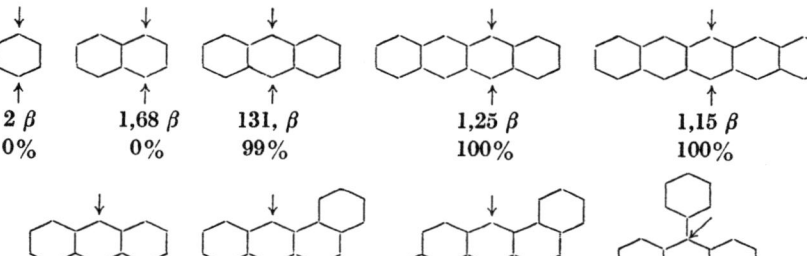

Die beobachteten Additionsgleichgewichte entsprechen den berechneten Zahlen. Man erkennt das anhand der Additionsgrade, die unter den Formeln angegeben sind und die sich auf vergleichbare Standardbedingungen beziehen. Nur bei Diphenylanthracen besteht ein krasser Widerspruch. Daraus kann man schließen, daß die beobachtete Addition bei diesem Molekül nicht in 9,10-Stellung, sondern in anderer Weise erfolgt. Tatsächlich ist nachgewiesen worden, daß Diphenylanthracen Maleinsäureanhydrid abweichend von den anderen Kohlenwasserstoffen der betrachteten Klasse im Seitenring addiert.

Ein drittes Beispiel für die Verwendung der Zahlen der Tab. 14 bieten die Überlegungen zur Spaltung der hexasubstituierten Äthane in Radikale vom Typ des Trityls.

Im Hexaphenyläthan, das als Prototyp der Verbindungsklasse gelten kann, sind die π-Elektronensysteme der sechs Benzolringe durch die gesättigten Äthan-C-Atome gegeneinander abgesperrt,

3. Vorlesung.

also nicht konjugiert. Tritt eine Spaltung in zwei Triphenylmethylradikale ein, so tendiert jeweils das Äthankohlenstoffatom zur Annahme des trigonalen Valenzzustandes, weil dann das vierte Elektron ein π-Elektron wird und über diese Stelle hinweg nun eine Konjugation der π-Elektronensysteme der (wegen sterischer Hinderung nahezu) in einer Ebene liegenden Ringe untereinander eintreten und damit die Resonanzenergie zunehmen kann. Die Zunahme der π-Elektronenenergie bei der Spaltung läßt sich aus den in der Tab. 14 angegebenen π-Elektronenenergien des Benzols bzw. des Biphenyls und der entsprechenden Radikale durch Differenzbildung in der in der Tab. 18 angegebenen Weise bestimmen. Es ergeben sich ganz erhebliche Energiebeträge in der Größenordnung von 100 kcal/Mol, so daß recht gut verständlich wird, daß die Äthanbindung im Hexaphenyläthan und den analogen Stoffen ein ganz anomales Dissoziationsverhalten zeigt, das,

Tabelle 18.

	E_π
$[(C_6H_5)_3C]_2$	48,000 β
$2(C_6H_5)_3C$	51,588 β
Differenz	3,588 β
$[(C_6H_5 \cdot C_6H_4)(C_6H_5)_2C]_2$.	64,766 β
$2(C_6H_5 \cdot C_6H_4)(C_6H_5)_2C$.	68,404 β
Differenz	3,638 β
$[(C_6H_5 \cdot C_6H_4)_2(C_6H_5)C]_2$.	81,532 β
$2(C_6H_5 \cdot C_6H_4)_2(C_6H_5)C$ . .	85,214 β
Differenz	3,682 β
$[(C_6H_5 \cdot C_6H_4)_3C]_2$	98,298 β
$2(C_6H_5 \cdot C_6H_4)_3C$	102,016 β
Differenz	3,718 β

Tabelle 19.

Stoff	Dissoziationsgrad unter gleichen Bedingungen	Dissoziationsenergie (kcal/Mol)
$[(C_6H_5)_3C]_2$	0,02	11,6 $\pm$ 1,7
$[(C_6H_5 \cdot C_6H_4)(C_6H_5)_2C]_2$	0,15	(9)
$[(C_6H_5 \cdot C_6H_4)_2(C_6H_5)C]_2$	0,80	(7)
$[(C_6H_5 \cdot C_6H_4)_3C]_2$	1,0	

wie die Bestimmung der Dissoziationsenergien (Tab. 19) zeigt, in erster Linie darauf zurückzuführen ist, daß diese Energien ausnehmend klein sind. Die Betrachtung der Tab. 18 zeigt, wie die Zunahme der Radikalspaltungstendenz beim Übergang vom Hexaphenyläthan zum Hexaxenyläthan, von dem nurmehr die Radikalform bekannt ist, von der Theorie ganz richtig wiedergegeben wird.

Damit wollen wir die Reihe der Beispiele für die Verwendung berechneter Resonanzenergien bei der Erklärung chemischer Sachverhalte abschließen und uns kurz der Betrachtung der Lichtabsorption von Polyenen zuwenden. Es ist empirisch bekannt, daß die Absorptionsbanden ungesättigter Verbindungen aus dem ultravioletten Spektralbereich um so weiter in den sichtbaren Bereich vorrücken, je ausgedehnter das konjugierte System ist. Das bedeutet, daß der Elektronensprung, der zum Entstehen der längstwelligen Absorptionsbande Veranlassung gibt, mit zunehmender Länge des konjugierten Systems energetisch immer geringfügiger wird, daß also der erste angeregte Zustand des Moleküls mit zunehmender Kettenlänge des Polyens immer näher an den Grundzustand heranrückt.

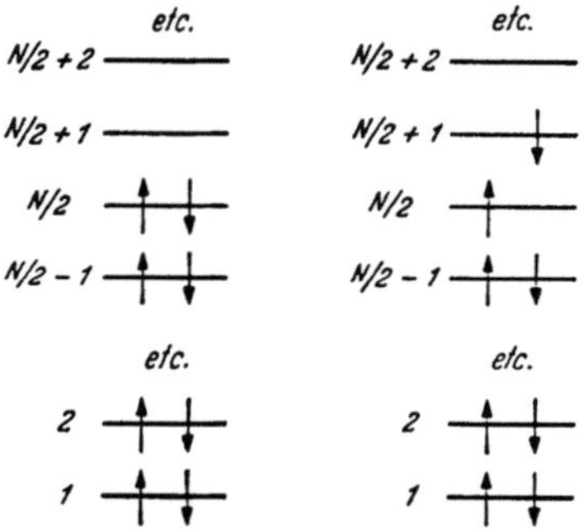

Abb. 58. Zur Lichtabsorption der Polyene.

Nun können wir nach Abb. 58 den ersten angeregten Molekülzustand aus dem Grundzustand dadurch herstellen, daß wir ein Elektron aus dem doppelt besetzten $N/2$-ten Zustand in den $(N/2 + 1)$-ten Zustand heben. Die dazu benötigte Energie, für die nach (95)

$$\Delta E = \frac{\left(\frac{N}{2}+1\right)^2}{N^2} E_K - \frac{\left(\frac{N}{2}\right)^2}{N^2} E_K = \frac{N+1}{N^2} E_K \approx \frac{1}{N} E_K \; (N \text{ groß}) \quad (99)$$

gilt, ist die gesuchte Differenz zwischen dem ersten angeregten Zustand des Moleküls und seinem Grundzustand. Tatsächlich wird ΔE nach (99) mit steigendem N immer kleiner und wir verstehen mit Hilfe unserer einfachen Überlegungen also qualitativ den Zusammenhang zwischen der Lage der Absorptionsbanden und der Ausdehnung des konjugierten Systems.

Eine Revision und Erweiterung der Hückelschen Theorie, nach der die Termschemata der Abb. 57 gezeichnet worden sind, hat zu dem Resultat geführt, daß die „leeren" Zustände tatsächlich alle in sehr kleinem Abstand oberhalb der angegebenen Nullinie liegen, welche die Energie $E(2p)$ des atomaren $2p$-Zustandes angibt. Die

3. Vorlesung.

Resultate der Hückelschen und der erweiterten Hückelschen Theorie sind für Benzol als Beispiel in Abb. 59 nebeneinandergestellt. Damit folgt aber, daß für Moleküle mit π-Elektronensystemen die Differenz aus der Ionisierungsenergie E_i und der ersten optischen Anregungsenergie E_s eine Konstante sein sollte:

$$E_i - E_s = \text{const.} \qquad (100)$$

Diese Regelmäßigkeit ist zuerst empirisch von SCHEIBE entdeckt worden. Das Polyenmodell gestattet uns schließlich auch noch den Übergang von der Betrachtung der organischen mesomeren Gebilde zu der der typisch mesomeren Metallkristalle. Wir betrachten als Beispiel eine lineare Kette äquidistant aufgereihter Natriumatome (N : Atomzahl). Ein solches Gebilde ist natürlich praktisch nicht realisierbar, es zeigt aber theoretisch schon die charakteristischen Eigenschaften dreidimensionaler Metallkristalle und ist deshalb als Modell für solche für unsere qualitativen Überlegungen geeignet. In der Kette der Natriumatome besitzt jedes Atom ein Valenzelektron und diese Tatsache veranlaßt uns, sofort eine Ähnlichkeit der Natriumkette mit den π-Elektronensystemen der Polyenmoleküle festzustellen. Wenn wir also auch jetzt von dem Modell der längs der Kette frei beweglichen Valenzelektronen ausgehen, wäre das Termsystem für die Bewegung eines Elektrons im Feld der Kette wiederum das Termsystem des linearen Kastens. Da die Kettenlängen, die realen Metallkristallen entsprechen, sehr groß sind, wird uns so sofort das optische Verhalten der Metalle verständlich. Da die Terme bei großer Kettenlänge sehr dicht liegen, verstehen wir auch, daß die Elektronen, die die obersten Terme besetzen, unter dem Einfluß eines elektrischen Feldes leicht beschleunigt werden, also Energie auf-

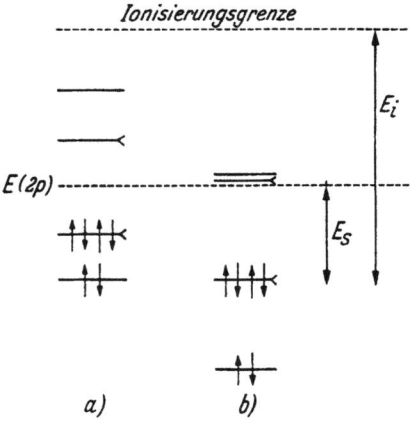

Abb. 59. Termschema und Grundzustand des Benzols nach der ursprünglichen (a) und der erweiterten (b) HÜCKELschen Theorie.

nehmen und damit in höhere Terme versetzt werden können, wodurch die elektrischen Leitungseigenschaften der Metalle zustande kommen.

Bei der Betrachtung der Metalle ist es zweckmäßig, auch diejenigen Änderungen im Termsystem festzustellen, die in nächster Näherung dadurch verursacht werden, daß das Feld, in dem sich die Elektronen längs der Kette bewegen, in Wirklichkeit nicht durch einen linearen Kasten, sondern eher durch einen Kasten mit gewelltem Boden dargestellt werden kann. Den Wellungen im Kastenboden würde eine ,,Wellenlänge'' zukommen, die gleich dem Atomabstand ist. Wie sich diese Wellung auf das Termsystem auswirkt, kann man leicht anhand eines anschaulichen Bildes feststellen. Die Kathodenwellen im Potentialkasten müssen nämlich immer dann durch Interferenzerscheinungen wesentlicher gestört werden, wenn ihre Wellenlänge oder ein Vielfaches dieser Wellenlänge gleich dem Doppelten der Länge der Wellungen im Kastenboden, also gleich dem doppelten Atomabstand ist. Diese kritischen Wellenlängen λ_j der Kathodenwellen sind aber allgemein durch

$$j\lambda_j = 2a \left(j\colon \text{ganze Zahl, } \lambda_j \text{ entspricht die Energie } E = \frac{h^2}{2m\lambda_j^2}\right)$$

darstellbar. Kathodenwellen mit diesen Wellenlängen löschen sich im Metallgitter durch Interferenz aus, so daß an den entsprechenden Stellen des Termsystems und in deren Umgebung Lücken auftreten. Diejenigen mit Termen erfüllten Gebiete der Energieskala, die durch diese Lücken getrennt sind, nennt man Energiebänder (Abb. 60a). Die Existenz der Energiebänder hat z. B. zur Folge daß metallischer Charakter tatsächlich nur dann auftritt, wenn ein Band, und zwar das oberste gerade noch zu besetzende, nicht voll mit Elektronen besetzt zu werden braucht (Abb. 60b). Nur dann nämlich existieren in der Nähe des obersten gerade noch besetzten Terms freie Terme, die bei dem Leitungsprozeß von den beschleunigten Elektronen in Anspruch genommen werden können. Wenn im Grundzustand das oberste Band also gerade voll besetzt ist (Abb. 60c), liegt ein Isolator vor. Wenn in diesem Fall das nächste völlig freie Band nur einen geringen Abstand von dem obersten vollbesetzten Band hat, können durch thermische Anregung oder durch Lichteinwirkung Elektronen aus dem vollbesetzten Band in das zunächst völlig leere Band versetzt und auf diese Weise Leitereigenschaften des betreffenden Kristalls gewissermaßen künstlich

3. Vorlesung.

hervorgerufen werden (Abb. 60d). In den Bereich der damit skizzierten Erscheinungen gehört insbesondere die lichtelektrische Leitfähigkeit gewisser Kristalle. Wenn man in einen Isolatorkristall Fremdatome einbaut, treten im Gebiet zwischen den Bändern neue Terme auf. Elektronen in solchen Zuständen können schon durch geringfügige thermische Energien an den Rand des nächsten leeren Bandes angehoben werden. Das ist der Fall der thermischen Halbleiter.

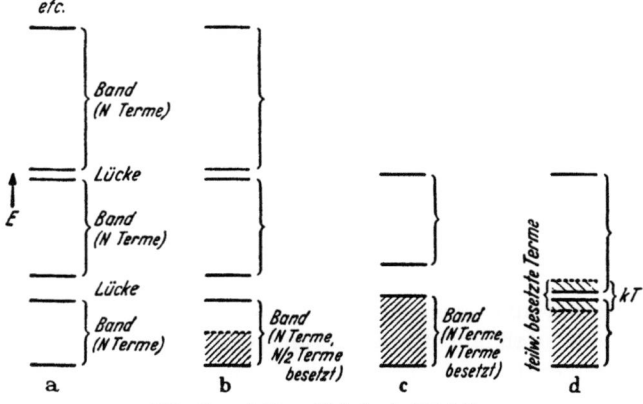

Abb. 60a—d. Energiebänder in Kristallen.

Die Zahl der Terme, welche ein Band umfaßt, hängt bei den dreidimensionalen Kristallen spezifisch vom Gittertyp ab. So umfaßt etwa im Falle des bei Bronzen auftretenden γ-Gitters das erste Band pro Elementarzelle 42 Terme, in denen also 84 Elektronen untergebracht werden können. Da die Elementarzelle bei diesem komplizierten Gitter 52 Atome enthält, ist das Band gerade aufgefüllt, wenn auf 13 Atome 21 Elektronen entfallen. Tatsächlich bildet sich das γ-Gitter bevorzugt dann aus, wenn diese Bedingung erfüllt ist. Dabei stellen sich dann ganz seltsame stöchiometrische Verhältnisse ein, die aber nach der angegebenen Regel von HUME-ROTHERY ihre Erklärung finden.

Es bleibt uns schließlich noch übrig, auf einen für die Chemie besonders bedeutungsvollen Fall von Mesomerie hinzuweisen. Dieser liegt in den sog. Stoßkomplexen oder Übergangszuständen in reagierenden Systemen vor. Wenn ein Wasserstoffmolekül und ein

108   3. Vorlesung.

Jodmolekül etwa in einem Gasraum zusammenstoßen, ist es möglich, daß sie nicht unversehrt wieder auseinanderfliegen, sondern daß nach dem Stoß zwei Jodwasserstoffmoleküle in Erscheinung treten. In dem Stoßkomplex, der beim Stoß kurzzeitig gebildet wird, hat dann also eine Umordnung der Bindungen stattgefunden. Man hat sich früher diese Umordnung als ein momentanes Umklappen der Bindungen in die neuen Lagen hinein vorgestellt. Wenn wir vom Standpunkt der Bindungstheorie aus nun die Stoßkomplexe betrachten, haben wir in erster Linie zu berücksichtigen, daß in einem Stoßkomplex der als Beispiel angegebenen Art auch vorher nicht gebundene Atome relativ kleine Abstände voneinander haben. In Abb. 61 haben wir eine typische Konfiguration aus einem Stoßkomplex angegeben, die sofort erkennen läßt, daß am Grundzustand des Stoßkomplexes, wenn diese Konfiguration erreicht ist, die beiden Valenzstrukturen

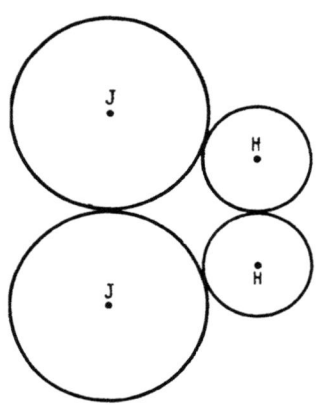

Abb. 61. Konfiguration eines Stoßkomplexes.

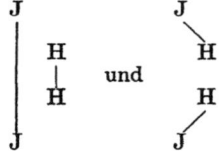

wesentlich beteiligt sein müssen. Stoßkomplexe sind also typisch mesomere Gebilde, während vor bzw. nach dem Stoß die bei den betreffenden Konfigurationen „natürlichen" Valenzstrukturen dominieren und in diesen Stadien (wenigstens in bezug auf die umzuklappenden bzw. umgeklappten Bindungen) lokalisierte Valenz vorliegt. An die Stelle des Bildes der momentan umklappenden Bindungen tritt in der neueren Theorie die bei der Annäherung an die kritische Konfiguration immer wesentlicher werdende Überlagerung einer „Vorstoß-" und einer „Nachstoßvalenzstruktur", die bei Erreichung der kritischen Konfiguration beide mit ähnlichen Koeffizienten am Grundzustand teilnehmen, so daß der Komplex von diesem Punkt aus in der einen oder in der anderen Richtung durch Änderung der Konfiguration wieder zu Gebilden mit lokalisierter Valenz ,,abrollen" kann. Da Stoßkomplexe mesomere Gebilde sind, besitzen sie in der Regel Resonanzenergien, wodurch verständlich wird, daß die beobachteten Aktivierungsenergien chemischer Elementarprozesse in der Regel niedriger sind, als man sie dem klassischen Umklappbild entsprechend erwarten sollte.

Wir schließen damit sowohl unsere Betrachtung konkreter Bindungsfälle als auch die Vorlesungen überhaupt ab. Diejenigen aber, die dazu neigen, eine Theorie nach ihrem ,,Nutzen" zu beurteilen, wollen wir zum guten Schluß an einen alten Satz erinnern:

THN ΘΕΩΡΙΑΝ ΤΟΥ ΠΑΝΤΟΣ ΠΡΟΤΙΜΗΤΕΑΝ ΕΙΝΑΙ ΠΑΝΤΩΝ ΤΩΝ ΔΟΚΟΥΝΤΩΝ ΠΙΣΤΕΥΟΜΕΝ ΧΡΗΣΙΜΩΝ.

Nachwort.

Leser, die sich für die mathematische Formulierung der klassischen Feldtheorie der Kathodensubstanz interessieren, verweise ich auf die Darstellungen bei:

W. HEISENBERG, Physikalische Prinzipien der Quantentheorie, Mathematische Formulierungen, Teil 8.

F. HUND, Materie als Feld.

Schließlich ist noch festzustellen, daß die quantitative Verschärfung der Bindungstheorie erst im Rahmen der vollständigen Quantentheorie möglich ist. Daran interessierte Leser verweise ich auf mein Buch: Theorie der chemischen Bindung auf quantentheoretischer Grundlage.

MIX
Papier aus verantwortungsvollen Quellen
Paper from responsible sources
FSC® C105338

If you have any concerns about our products,
you can contact us on
ProductSafety@springernature.com

In case Publisher is established outside the EU,
the EU authorized representative is:
**Springer Nature Customer Service Center GmbH
Europaplatz 3, 69115 Heidelberg, Germany**

Printed by Libri Plureos GmbH
in Hamburg, Germany